獻給地獄廚房的情書

Yen 著

獻給父親、母親，

與我浪漫叨絮又充滿勇氣的姑媽。

推薦語

J-Ping 義大利餐廳
K2 小蝸牛廚房 / K2 義大利冰淇淋
Solo Pasta / Solo Trattoria 小酒館
廚藝總監
王嘉平

妳的文章讓在戰場上的士兵感受到同袍的召喚和耳語。
看得到傷疤，嗅得到油煙。

美食觀察家
高琹雯 Liz

盛餐佳餚的背面是刀光火影，練就 Yen 英姿颯爽的文筆，字字句句寫著眞愛。

貓下去計畫負責人
陳陸寬

那是走進眞正的火裡來水裡去。
是揮去浪漫到面對眞實的瘋狂實際。
是決定要冒險要豁出去的。那是眞正的獻身。
給 YEN，我們這一行的同路人。

BIOS Monthly 總編輯
溫爲翔

從落筆犀利的公關職涯轉身，Yen 從艱苦的廚房環境修煉出一條殊異的創作者之路，藉由料理和文字溫柔記下在結構裡掙扎的性別與靈魂。

鹽之華法國餐廳廚藝總監
黎俞君

這是世界經典餐廳的部份場景，
獻給已經成爲廚師或是夢想成爲廚師的你：
這本書，猶如一部情節緊湊的紀錄片，
讓我再次重回在義大利廚房學藝的時光；
而且向你保證，這一切絕 - 對 - 都 - 是 - 眞 - 的，
讀完本書，你會發現，台灣學徒眞是太幸福了。
給正在哭的學徒。

目次

Chapter2. 推開地獄之門

序
一點都不優雅，粗暴得很。

某年夏天旅行至義大利西西里島，跟當地媽媽學做地方菜，來自北義的旅伴一臉肅然提醒我：勿帶貴重物品出門。我不以爲意，認爲是北義人的驕傲情結作祟。在造訪當地家庭前，我得空四處溜搭，遊客中心工作人員也耳提面命告誡：「這幾個街區有很多美食，只要顧好隨身物品，大可放心玩耍。但這裡以南……」他用手指點了點地圖，語氣下沉，說：「一步都不要踏入，這裡是黑手黨集散地，連警察都不敢去。」

我轉頭踱進隔壁小食店寫明信片回台灣：這裡一切都好，前有活火山艾特納、後有黑手黨夾攻，我感到精神抖擻，非常有冒險性！

場景回到倫敦市中心的義大利餐廳，一天我被主廚差到吧檯請求緊急支援新鮮水果，邊等吧檯經理清點存貨，邊偷聽客人對話。這群江湖味濃厚的客人顯然認爲一個亞洲女孩大抵聽不懂義大利文，正大方談論他們的豐功偉業：欺行霸市巧取豪奪樣樣來，不時替天行道讓麻煩人物消失。

話鋒一轉，逞凶一哥說起：「那天我兒子在看《地獄廚房》，你們看過沒？他媽媽的，那主廚在廚房裡可兇了，把廚師都罵哭了欸！」

「有、有！我有看過！我還聽說他們會在廚房拿東西砸人。」逞凶二哥回，帶著不可置信的語氣。

「小姪子喜歡做菜，我出錢送他去廚藝學校，餐廳實習回來後，竟然不願意學了，說做廚師一點都不如想像中優雅。粗暴得很。」逞凶三哥接話，一臉驚魂未定。

大夥兒瞄了身著廚師服的我一眼，沉默下來，若有所思。而我也不禁思考，究竟是什麼把我帶上這條路的？

好友問我，認識這麼久，卻不知道妳轉行的原因？雖然他們後來接受了我從寫新聞稿、辦記者會、採訪影人的印象中，轉換成蓬頭垢面、油膩膩的舞刀弄火之人。但我自己思索半天，卻還是找不到適當的答案。

幼時家中有一套漢聲出版的青少年讀物，我日夜捧著勤啃，其中一系列由羅蘭・英格斯・懷德寫的自傳式小說，是我長年的最愛。那年我大約十歲，卻神迷於主角小時在美國西部開墾時，物質不豐的時代，人們用勞力與心血將餐桌填滿，在爐火光照映下吃著珍貴美食的畫面。一家人聚集在柴火前取暖，享用裝在牛皮紙袋中，由印地安人帶來的珍貴爆米花，以及父親用勞力換來的肉品、由母親細細調製成的美味。這種生活細節與製造美食的過程從小便深深迷惑著我。

出社會的第一份工作是在電影雜誌當採訪編輯，月底截稿時，加班到凌晨四、五點回家，幾小時後回到辦公室繼續奮戰是家常便飯。前輩開玩笑：雜誌社工作，女的當男的操，男的當狗操。後來進入電影公司，繼續半夜寫稿、白天身兼粗工家庭代工電影明星小跑腿，不時要對媒體噓寒問暖，將自我縮至最小，我自嘲是從一個坑跳入另一個坑。然而這些年中，想尋求出口的心意在當時的日記中早已見端倪：「十一月底剛截完稿，我嘗過三次試圖靠暴食減輕壓力、三次試著想藉由撞牆或染上 H1N1 來逃避截稿（這時我盡責的美編總說：想被車撞死沒關係，至少等截完稿再去死。）……」，或是「去廚房熱了昨天燉的雞湯，下了最後一點白麵，捧著碗公大口大口吃掉，如果說有什麼能真的治癒人心，非食物莫屬。」

漸漸地，此症頭越來越嚴重。我除了寫新聞稿、辦活動外，所有的時間都用在吃飯跟煮飯，睡前讀物也漸漸變成食譜跟美食書，代替小說散文詩集的地位；買衣服、看電影的錢開始投資在鍋碗瓢盆上。覺得一事無成時，只有在廚房裡才感到踏實。時常，周末的一天是這麼過的：中午做白酒蛤蠣義大利麵，下午放下讀到一半的小說，進廚房做馬鈴薯千層派、烤約克夏布丁，新買的小說進行到第四章，主人公就著燭光吃將起來……我嘆口氣，起身去廚房用義大利生火腿（當然彼時我並不知道那不是義大利進口的生火腿，對它的製造過程更一無所知）與生菜做三明治吃。就這麼晃晃悠悠地，晚間九點三十分，才驚覺十分鐘後有一場已買票的金馬影展場次。而我從來不錯過任何電影場次。

記得我曾對一位公司前輩說：「這才是生活，才是能夠讓現在的我心滿意足的重要的事。」他笑了，說：「年紀輕輕就這樣，怪沒出息一把的。」當然，進入專業廚房後，才發現喜歡做菜，跟以做菜爲職，根本是天差地遠兩回事。而這樣的覺悟，絕大多數已寫進這本書裡。

其實在出發前往義大利學做菜時，我並無心轉職，只是習慣性地像頭固執的牛，一旦著手做起喜歡的事情，其他事都不管了，只懂得往前。這種個性當然讓我在廚房裡吃了不少苦，前輩廚師曾苦惱地說：妳的頭跟這不鏽鋼台一樣硬。一邊用指節用力敲著檯面，似乎這樣就能把我敲醒。

過程中遇到挫折時（內容當然就在之後的這些文章裡），朋友勸我：這件事妳開始做了，不代表不能放棄，回頭做老行業就好。遺憾的是，我的程式設定只有向前進，回頭這選項太丟臉，頭洗了一半，頂著滿頭泡沫想退場，連想都不敢想。

於是就這樣開啓我的廚師生涯了。

本書裡的食譜，多是跟文章情境有所連結的菜色，換句話說，它們都曾在我的異鄉生活中，留下刻痕，呼應當下的喜怒哀樂。有些菜我到現在都還常做，譬如獵人燉雞、巴西里蒜味番茄麵、南瓜燉飯跟紅酒燉豬頰肉，它們都不難做；有時候越簡單的事物，反而越能慰藉人心。

本書的文章，跟在美食頻道裡那種，優雅又快樂的做菜不同，如果你尋求的是那種無憂無慮的美食書籍，大概翻錯書了。我能分享的，是對喜愛事物的熱誠與偏執，跟美好事物表象之下的眞實情境。

一點都不優雅，粗暴得很。

Chapter1.

啊，天堂就在不遠處！

隔天在佛羅倫斯公寓悠悠醒來，這才看清楚這挑高七米的房間，
四面都漆上黃橘色的漆，很有可愛鄉村風格。

Letter1.
春天來到佛羅倫斯

四月的義大利不太冷也不太熱，他們說我來得正是時候。

飛機降落米蘭馬爾朋薩機場，我推著30公斤大行李，身負10公斤後背包，準備搭機場快線到米蘭市區搭火車，在心中反覆默唸複習：「一張到米蘭市中心的車票。」我還對句子中彈舌「r」音，以及得稍微挪動下顎角度方能發音的尷尬音節感到困擾，人潮已經從四面八方襲來，講著一種我似乎知道，卻不太熟悉的語言；我感到睏意，且有點緊張，笨重將行李推上手扶梯，緩緩下降。一個著棕色貂皮大衣、一頭金色鬈髮的女人，在一旁向上滑行的手扶梯上與我擦肩而過，開口用義大利文問我：「小姐，請問車票去哪買？」我們漸行漸遠，像對命運交錯的戀人。她問得急切，我也急了，用盡吃奶力氣跟僅有的義大利語彙，大吼：「上去之後直走右轉！」那對當時的我來說有如天啓：謎樣女子看我一臉剛落地的亞洲面貌，毫不猶豫地用義大利文問路。瞬間我竟充滿信心。

到佛羅倫斯時天色已晚，初見面的美國室友提議：「帶妳去吃晚餐吧。」我瞪著五花八門的菜單燈板，在義大利文數字面前束手無策，自我放棄用英文點餐，早先在米蘭的信心就地潰堤，開始結束都在一瞬間（註）。飛過千山萬水，離家一萬公里外，落地第一餐，就是跟美國人一起囫圇吞棗吃漢堡王，隱約覺得每件事都有如神諭。

隔天在佛羅倫斯公寓悠悠醒來，這才看清楚這挑高七米的房間，四面都漆上黃橘色的漆，很有可愛鄉村風格。落地窗外是能俯瞰鄰居庭院的大露臺，我每天帶著托斯卡尼農人自產葡萄酒（自備容器裝，大瓶賣3歐元），坐在露台躺椅上讀食譜，食譜沒讀懂多少，倒是把隔壁鄰居一天四次在庭院吃飯喝酒的時程表搞得一清二楚，家庭劇院般看得津津有味。這間公寓離市中心三十分鐘腳程，遠離各種喧囂觀光噪音，附近是自成一格的寧靜住宅，走路上學時抖擻點二十五分鐘可到，回家則危機四伏，路邊小店咖啡店餐廳冰淇淋店像花一樣紛紛綻開，常常到家已是一個半小時後的事。

在佛羅倫斯旅居學廚藝，爲了避免坐吃山空，對策一是公寓找得偏遠省預算，對策二則規定自己一天只能花費12歐，將欲望降到最低，以生活必需品爲準：走路上下學，打死不坐公車；一天兩次冰淇淋（gelato）6歐、半瓶紅酒1.5歐、早餐一杯咖啡加義式可頌麵包共1.8歐（不可思議！），中餐下午茶吃學校的，剩下的錢在市場或超市買菜回公寓煮來吃。回家路上看到漂亮衣服，眼巴巴貼在櫥窗外流口水，但吃完開心果口味冰淇淋就欲望全無、通體舒暢。

後來我看中一台義大利家家戶戶都有的製麵機，決定每天少吃一球冰淇淋、咖啡回家煮，前天殺的雞今天熬湯、明天炒飯、後天做麵，如此這般精打細算，月底終於心滿意足抱著銀亮銀亮的製麵機回家。

然而在義大利住約三個禮拜後，我卻對這國家的浪漫情懷大大打折。拿買製麵機這事來說吧，廚具店早上十點開門，趁學校午休時間氣喘吁吁衝去，十二點零二分，店員小姐無情在妳面前拉下鐵門，用手指了指一旁門牌：中午休息至下午三點。垂頭喪氣回到學校，下午三點十五分再回到店門口，大門仍緊閉。隔壁鄰居探出頭來：他們有時候會休息到三點半喔。下課六點半再去，營業時間已過。眞想來這上班。

義大利生活是一山又一山的高潮迭起，如此種種例子層出不窮。朋友從台灣寄泡麵零食包裏慰勞，收到的卻是一張通知單，我照著上面註明的領件地址走了四十分鐘、路經三家郵局後，在如同恐怖片裡高校女生被分屍的荒郊野外中找到這間領件郵局，排了三十分鐘隊，將通知單拿給眼神死沉的工作人員，才得到另一封信件。我怔怔愣愣又走了四十分鐘路回家，室友維基解密：包裹被海關扣押，上繳 1600 台幣即可取回；還另加註解，以義大利的效率，收到時大概也一個月後，裡面糕餅怕是也過期了。寄件朋友哭笑不得，內容物 500 元錢，得花三倍贖回，簡直傳奇。

義大利人喜歡把路走彎走峭百轉千迴，據理力爭是跟自己過不去。我的學藝生活於焉敲鑼打鼓熱鬧開展，每天跟著義大利人喝六杯濃縮咖啡、喝托斯卡尼便宜紅酒，吃當地 pici 粗麵、學揉麵做麵，最新技能則是騎著咯吱作響的破腳踏車（越新被幹走的速度越快！）並且停哪都要鎖起來。

來佛羅倫斯第三個禮拜，仍是啞巴一個，但能理解的單字已經比剛到時多一點。聖母百花教堂的大圓屋頂是生活的座標，看它出現在前方屋頂上，就知道是時候拐進巷子裡，學校要到了。佛羅倫斯是一個走路就可以到達所有觀光景點的城市，人們似乎都很習慣走大量的路，爲了省下一天兩杯冰淇淋的錢，我也入境隨俗，每天兩三小時的，一雙腳走天涯海角。著名的觀光景點倒是一個都沒去，然而但丁的家、拉菲茲美術館、百花教堂等，全都是往來市區的必經之路，每天在文藝復興門前無知奢侈地踏來踩去。而許多剛到時覺得不可思議的事，也慢慢習慣了：

1. 每天喝大量的咖啡（濃縮不加奶）：在義大利，當人們問你：「要來杯咖啡（un caffè）嗎？」時，指的是一小口濃縮咖啡，雖然來之前早就知道這件事，但在學校秘書遞給我一杯濃縮咖啡的當下，還是略感震驚。如今早已習慣跟同學們一天六杯：醒來後一杯、上學路上一杯、到學校後一杯、中間休息時再去隔壁店家喝一杯……。

2. 存糧之必要：前一天還扯著嗓門，在街上大聊特聊的義大利婆媽伯叔們究竟上哪兒去了呢？星期天的佛羅倫斯郊區街道像被活屍入侵，冷冷清清，只留下前夜狂歡後的痕跡。觀光區外的商店一概不開，即使超市也只開到下午一點。周末來臨前如臨大敵，非要儲存糧食不可，免得餓死。

3. Street courtesy（行路禮節）：義大利人對交通行進的標準難以捉摸，在沒有紅燈的路口，車子見到行人會停下禮讓；有紅燈的地方，大家又隨心所欲想過就過。而在人行道上，三不五時就有三兩個義大利人，用極度緩慢的行進速度，將整條路擋住，斜眼瞄到後面有人想過，也毫不在意地走走停停，配上誇張手勢，邊走邊發表演說。跟義大利人生氣只是跟自己過不去而已，我只有默默接受。室友則沒那麼好惹，一次她跟在幾個行進緩慢、邊走邊聊的路人後頭，不住地借過卻徒勞無功。氣得繞到車道上，再回頭對她們大吼：「 Hello, STREET COURTESY? 」真是對牛彈琴。

註：「開始結束都在一瞬間」 一語，出自 Tizzy Bac 的〈Sideshow Bob〉中的歌詞。

第 1 道 / 異鄉的家：房東的巴西里蒜味番茄麵
Pasta ai Pomodorini, Prezzemolo e Aglio

剛到佛羅倫斯的周末，鬥志滿滿埋頭苦練學校教過的前菜，卻一時想不出主食吃啥，房東一旁提議：何不做 xxx 義大利麵？名字我沒聽懂，作法倒是懂了，這是一種非常簡單基本又家常的醬汁，偶爾沒時間又沒心情做菜時，我都會快速做來吃，結果往往意外讓人驚豔。

材料（2 人份）：
義大利麵 1 人份約 80 到 90g、聖女小番茄切半、平葉巴西里切碎（英：parsley 義：prezzemolo），約 2 大匙的量；大蒜 2 瓣切碎、鹽、胡椒適量，橄欖油 2 大匙

作法：
1. 鍋中冷油用小火加熱大蒜與巴西里，直到大蒜香味釋出。
2. 轉中大火放入番茄煮至番茄湯汁釋出、醬汁稍微濃稠，調味。
3. 加入煮好的義大利麵（比包裝說明少煮 1 分鐘）、一些煮麵水，讓麵條吸收醬汁，調味，上桌。

喜歡吃辣的話也可在作法 1 加入辣椒，就變成最基本的蒜辣番茄麵（Aglio Olio e Peperoncino）。

托斯卡尼的陽光，會把你骨頭都曬乾曬透。
下課後，我們瞇著眼、捧著前晚不知節制而原形畢露的肚子，邊喝下午場咖啡，邊細數接下來還有哪些飲食大事：冰淇淋節、葡萄酒節。

Letter 2.
我們不是胖，是快樂

第三周，大家都習慣了我的貪吃相，本來會對我說 basta mangiare（不要再吃了！）的同學也放棄了，只無奈對老師說，她來義大利純粹因爲貪吃。歡迎加入養豬速成計劃。

茱莉是我在佛羅倫斯的室友。一臉精明難惹樣，開始時我有點怕她，但我們很快就三三八八黏在一起。我辭掉工作飄洋過海來學藝，她則在這攻讀西洋藝術史，半工半讀。我們都處於人生暫時停擺狀態；想去到哪裡，卻又不知道能到達哪裡，都帶有一種今朝有酒今朝醉豁出去了吧的態勢。

茱莉很聰明（或許有點太過聰明），能流利應用五種語言。她在台灣唸過書，對台灣的一切念念不忘，喜歡逼我用台灣國語對話，不時回我：嘿有、嘿咩。我在義大利是文盲，時時纏著她陪讀義大利食譜，再用台灣演藝圈八卦交換。大部分的時間我們都在縮衣節食，以求偶爾出門吃飯放風的日子，能吃得爽快豪氣點。我買食材回家大練新菜的隔天再隔天，又或是接下來幾天，是我們吃各種炒飯的日子，用厚培根做的炒飯、用豬油炒蘆筍再加點核桃碎的炒飯、燉牛膝的碎渣再加醬油炒的炒飯，我們說總有一天要聯手出一本怪奇炒飯全集。那是一種兩袖清風年輕氣盛的快樂。有時我們畫上好一點的妝，去吃 aperitivo。Aperitivo 是義大利最該被高歌頌揚的文化，在標準晚餐時間八點到九點前（初來乍到，爲迎接遠來友人打去餐廳訂位：我想訂位七點。對方訕笑：小姐，Signorina，我們晚上八點才開門！）點一杯酒，壞則附上兩三樣小點，好則可以吃整個餐檯的菜色，all you can eat 晚餐喝酒通通解決，一次滿足您三種願望。有時候花個 7 歐，就能見識琳瑯滿目的菜色，番茄義大利麵、珍珠麥沙拉、佛羅倫斯燉牛肚、燉豆子、雞肝麵包片、櫛瓜鑲肉、義大利麵沙拉、橄欖烤雞肉，看到不認識的就拍照，隔天問老師同學。茱莉有個朋友兼職賣大麻，一天酒足飯飽我們隨口玩笑說，乾脆弄一支來試試，遂找朋友商量，隔天飯後，我們緊張兮兮又躍躍欲試，手抖著點燃，什麼嘛原來裡面捲的是菸草！茱莉友人打來笑我們的迂：妳們兩個娃兒不是這塊料，回家喝奶去！

我們咯咯傻笑，分著一支菸草，躲在陽台上抽，感到擁有全世界的財富。

像剛出生的小雞對破殼後第一眼看到的人事，產生難解釋的依附那般，我對托斯卡尼，有種難以言說的情感，它的脈搏流著葡萄酒液，每一寸土地都嘶吼著對料理的熱愛。托斯卡尼人愛吃也愛料理，學校老師對我說：每到假日就是我能放鬆煮上一頓好餐的時候。她們即使每天都在做菜，到了周末甚至花上六小時細細燉上一鍋肉。

在這裡，我學會了當地人對「土地」（terra）的尊敬，托斯卡尼物產豐沃，隨便望其日常飲食，對土地產物便能有大致理解：奇亞尼那白牛（Chianina）的禮讚——佛羅倫斯丁骨牛排，各式鑲填蔬菜做的配菜，配麵包片吃的雞肝醬、牛肚包、濃番茄麵包湯（Pappa al pomodoro）、野兔肉醬……。

托斯卡尼土生土長的朱利歐，一天來上學時，神秘兮兮提議要帶我們去一間由名廚主掌的劇場餐廳，此餐廳採絕對會員預約制，入場「觀眾」在表演開場前，有兩小時的用餐時間，用餐時間結束，桌子一收、椅子一併，劇場就地開演。就連用餐方式都戲劇十足，每端出一道料理，廚師便扯破嗓子般敲鍋吆喝：

「用番茄燉的牛肚喔，今天心情好爲大家加菜的，不要搶、慢慢來，等等還有好菜上桌喔！」

「這道燉肉裡加辣，怕辣的可千萬別吃喔喔喔！」中氣十足。

客人們像在自助餐一樣魚貫排隊取餐，那一盤盤的菜色猶如托斯卡尼的名菜雜燴，當地小酒莊產的山吉歐維列（Sangiovese）葡萄品種的酒，則像不用錢似的一壺壺自行取用，陌生人們因爲一起取餐而產生交流，杯觥交錯間，自己也成了托斯卡尼美食光景下的一片拼圖。

托斯卡尼的陽光，會把你骨頭都曬乾曬透。下課後，我們瞇著眼、捧著前晚不知節制而原形畢露的肚子，邊喝下午場咖啡，邊細數接下來還有哪些飲食大事：冰淇淋節、葡萄酒節。在此之前，我不知道葡萄酒節是可以這麼搞的：它們以文藝復興的姿態大舉侵占市內各大博物館、老學院建築，繳完報名費後，一人給發一個可掛在頸上的不織布袋；裡面懸著一只葡萄酒杯、一張尋寶地圖，就這麼把我們打發上路，我們四人參差不齊如不來梅樂隊，穿梭在古老巷弄，踏尋參展酒莊，路經披薩店就一人抓一片在手上邊走邊吃，如此這般吃喝玩樂五小時還沒結束。我與美女同學娜塔莉合照，眼見兩人臉圓如國外月亮，暈眩地說：「天啊我們好胖。」

她樂陶陶答：「我們不是胖，我們這叫快樂。」

照片上傳社交媒體，遠在台灣的朋友回：「妳們還眞是快樂得緊！」

第 2 道 / 盡情享受之必要：托斯卡尼濃麵包番茄湯
Pappa al Pomodoro

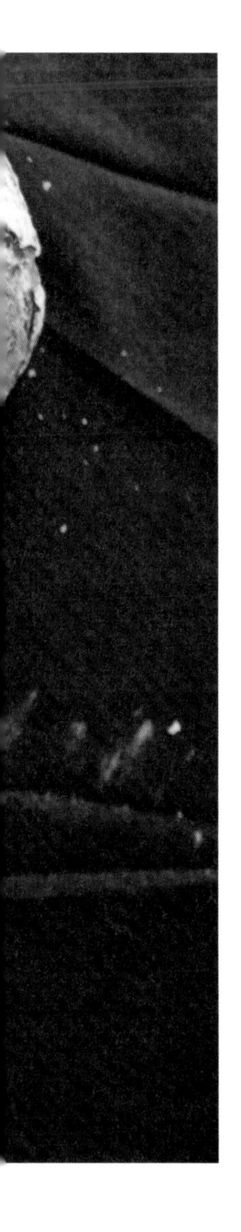

這是一道將吃剩的舊麵包再利用的托斯卡尼質樸庶民料理。初在廚藝學校的課程大綱上見到它被歸類在「湯」類，上課時看它湯沒湯樣後頗有醍醐灌頂之感。這道菜在冬天時適合溫熱著吃，夏天時經常以室溫上桌。

材料：

200g 隔夜麵包（法國麵包、鄉村麵包為佳）、1 顆成熟番茄、原味番茄泥 (Passata di pomodoro)700g、9 葉甜羅勒、大蒜 1 顆、洋蔥 1/3 顆、特級初榨橄欖油、鹽、黑胡椒

作法：

1. 在番茄皮上用刀尖輕輕畫一個十字，丟入滾水中約 10 秒，取出後泡入冰水中，便可輕鬆替番茄去皮。將去皮番茄去籽後切成小塊備用。
2. 大蒜與洋蔥切碎後，入油鍋炒到洋蔥軟化、香味釋出。放入切塊番茄與番茄泥，煮滾後轉小火蓋鍋蓋煮約 20 分鐘，直到番茄的酸味柔和，用鹽與胡椒調味。
3. 將隔夜麵包泡入水中直到軟化（約 5 分鐘），用手將麵包水擰乾，放入作法 2 中跟番茄一起續煮約 10 分鐘。上桌前將甜羅勒葉用手撕碎（較能釋放香氣）、大量淋上初榨橄欖油即完成。在這裡甜羅勒的香味跟橄欖油的品質能關鍵性影響這道菜的味道，請盡量挑選喜歡的好油，大方淋上吧。

CONAD
IL PANE

起先還自我安慰，我絕對不會是這世界上唯一一個出國學習做菜、語言又完全不通的人吧？那些人都活過來了，我一定也可以。

但仔細想想，我肯定是這世上唯一一個以爲學做菜跟語言無關的蠢蛋。

Letter 3.
用超破的義大利文學做菜

跟同學們不時聚集在遠離觀光塵囂，一間教堂門前的階梯上，在附近的酒吧點酒後，成群坐在階梯上，英義夾雜扯些不著邊際的話。晚上以葡萄酒展開，白天則浸在咖啡中醒來。用十八人份的摩卡壺咕嘟咕嘟滾著咖啡，一人一杯仰頭喝乾後開始上課。佛羅倫斯有道名菜，以酒煮過的雞肝做成雞肝醬，塗在麵包片上作前菜，它比起法式的肝醬，多了那股原始生硬的勁兒，他們也不講究將它絞碎並過濾成泥狀，那純粹是很鄉村、帶有顆粒的抹醬，卻讓我深深著迷。時不時就買一盒雞肝，回公寓後細細地清理血管，拿捏酒與醋的份量，彼時我還不得要領，每次都搞得人仰馬翻，做好時自己都沒胃口。還有就是那烤甜椒，先把甜椒赤裸放在直火上，不時翻面，烤得它全身焦黑軟嫩後，再放入紙袋或加蓋容器中悶個半小時，取出後慢慢地將焦皮剝除（總搞得滿手黑屑）、切細條後，跟大蒜、初榨橄欖油調味，來訪的朋友幫忙執行去皮任務後，立誓再也不做此菜，也不願在我做這菜時來訪！然而那卻是我初期認識最基礎也最好吃的食譜之一，下課後的傍晚，在陽台椅子上吃著烤甜椒麵包片，預習隔天上課的資料，自覺食譜上的生字又多看懂了些。

這當然是作夢。

生字還是無止無盡，把番茄跟什麼放入鍋中，輕輕幹嘛一下，然後再放一個什麼，攪拌一下……然後你……簡直就是尚未解密的世紀陰謀。一段六行的食譜內容，我得花兩小時讀完，這還是有精通義文的澳門室友在旁翻譯的情況下。

苦惱地想著隔天又要上課，面對滔滔不絕的語言洪水，看擦著鮮豔眼影的老師對女學生們視若無睹，再轉身對男同學們撒嬌。通常是這樣的：

女同學娜：「老師請問您如何辨別麵團已發酵？」

毫無動靜。

身材壯碩的法藍斯柯：「老師這水滾了，接下來我們該做什麼？」

老師：「喔親愛的，你這問題好透了，先幫我把這鍋子搬來，哎呀呀它太重了（眨眼眨眼），我們再一起處理這鍋滾水。」

來義大利前，我共上了七十小時的義大利文課，相當於我們初等教育三個月英文課的程度，與我的法文程度相差不遠，實用得很：「你好。」、「我很好。」、「你電話幾號？」、「你想娶我嗎？」、「謝謝。」

果然第一天上課，義大利文便無情將我吞噬，回到住處只想找刀自盡。

起先還自我安慰，我絕對不會是這世界上唯一一個出國學習做菜、語言又完全不通的人吧？那些人都活過來了，我一定也可以。但仔細想想，我肯定是這世上唯一一個以為學做菜跟語言無關的蠢蛋。簡單的「請幫我去冰箱拿雞蛋」都聽不懂，要怎麼聽懂「正統的義式餃子（Tortelli）裡，一定要有起士、蛋跟肉豆蔻」？下課時間，同學們喝酒玩樂，只有我認命拎著食譜回家，或去超市站在貨架前認品名查單字、或在家惡補食譜生字，隔天上課才能增加聽懂的機率。每天熬夜查字典預習食譜也不無好處，當時的我也許看不懂時尚雜誌，但隨便一本食譜，還是能讀懂七成以上。

而所有花費除了喝咖啡、吃冰淇淋，就是用來買食材練功。學校教過的好菜，回家再依樣畫葫蘆練一遍，邊啵啵啵的煮著紅酒燉梨，邊嘟囔，何必用紅酒跟香料，來煮本來就香甜好吃的梨呢？多此一舉。

一天客座的餐廳主廚在肢解一隻小兔崽子，送到廚房時已然去毛去皮，呈現近似嫦娥奔月的頂天立地姿勢，我們被唬得一愣一愣。最大罩門主要還是頭：沒有頭的是肉品，有頭的是屍體；肉食者的難題，為廚者的矛盾。「你們終要面對。」客座老師結論。

然後下放鴿子大體，進階廚者第一步：砍頭。立志進到五星級飯店工作的朱利安眉頭不皺一刀砍下。我手抖心顫，猶豫不決，老師心軟：那叫朱利安幫妳們吧？

自己的業豈能教人來扛？我半瞇著眼（以爲能減輕恐懼）下手砍頭。

拿起屠刀，立地成廚。

如此這般，料理學校那段沒有收入，完全以學習新料理爲目標的日子，雖然無法隨心所欲，倒也快意自在，跟之後的專業廚房生活相比，顯得輕快零碎。一天又在煮肉，油自鍋中濺出，躍上一旁課本，在「內陸版 fish stew」這句手寫筆記上降落，暈出黃漬。夜深人靜時我老愛翻開它，像一本深不可測的詩集：ㄕ的染色料與蛋一起放入／用ㄧㄢˊ磨它，撒 pepe（註）／並包含香草束。有時一旁還配上意味不明的食物插畫。簡直就是當下生活的寫照。

生字還是無窮無盡。

（註：義文胡椒的意思）

第 3 道 / 抒發沮喪之必要：佛羅倫斯雞肝醬麵包片
Crostini di Fegatini

材料：

雞肝與雞心 250g、洋蔥半顆切碎、油漬鯷魚 2 條、酸豆 2 茶匙稍微沖水後切碎、白酒醋半杯、奶油 70g、初榨橄欖油 2 匙、白酒 3 匙、鹽、胡椒、鄉村或法國麵包切片、蔬菜高湯

作法：

1. 將雞肝放入白醋與水（1：1）中浸泡至少半小時後，將雞肝與心臟的血管等硬處去除後切成小塊。
2. 將洋蔥在油鍋中慢火蓋鍋蓋煮約 10 分鐘，至軟。轉大火，將作法 1 放入拌炒後入白酒，至酒氣蒸發後（鼻子湊近聞不出酒味）關小火，蓋上鍋蓋續煮約 20 分鐘，期間若太乾，可適量加入少許水或蔬菜高湯。加鹽、胡椒調味。
3. 起鍋後放入調理機中，加入奶油、鯷魚與酸豆一起打碎。

這道菜在佛羅倫斯這座小城裡處處可見。我在學校和幾間餐廳吃過後驚為天人，甘之如飴的日日捧著心啦肝啊回住處挑血管練習。比起法式的肝醬多了生猛氣息，算是肝醬類的進階版本，可視喜好調整打碎的程度，喜歡有口感點就稍微攪碎即可，遇到對內臟味道有點顧忌的朋友，我會稍微增加奶油與鯷魚的比例，得到的反應出奇地好。

想起在奇揚地山上一間兩層樓房子，從廚房跟飯廳往外望去，就是一片美麗典型的托斯卡尼風景，那個廚房激勵了我們想煮菜的動力，每天都有食物香味從廚房傳出，連房東的貓都不時跑來撒嬌湊熱鬧。

Letter 4.
酒肉朋友養豬旅

從佛羅倫斯北上，離開以「土地」爲萬物基準的托斯卡尼，再由皮蒙特（Piemonte）往下玩到吉諾瓦（Genova）、拉斯佩吉亞（La Spezia），對於區域間食物的差異感到驚喜。在皮蒙特，我問酒莊主人，這裡吃雞肝嗎？她告訴我，這裡的雞肝不如托斯卡尼那般叫「fegatini」，而是肝啊、腦啊跟雞冠與菇類，一起入鍋煎煮的「finanziera」。而在沿海的拉斯佩吉亞及吉諾瓦，我們則吃到鮮美得不可思議的海鮮，再配上兩支原生品種的葡萄酒，熱情老闆娘提了剛捕回的魚來獻寶，驕傲地說這將是晚上的海鮮湯材料。從盤中食物就能一窺當地地理民情，如此簡單的道理，一直到來到義大利我才有所體悟。

剛到義大利時，從台灣及其他國家飛來造訪我的朋友就有七組，一開始我還沾沾自喜人緣太好，後來發現大家原來都衝著佛羅倫斯來的，地頭蛇當地人的叫，給我胡灌迷湯，拐我帶他們到處喝酒吃冰淇淋。我一邊省吃儉用，一邊陪這些無賴（物以類聚！）走跳，最過分的是這群酒肉朋友，一來就來個兩周，拐我當隨車翻譯，從北義一路巡迴養豬。

這是那種會讓你永難忘懷的旅行，我們在皮蒙特區慢食餐廳的露天院子裡，喝著 Dolcetto d'Alba 紅酒，吃手工雞蛋 tajarin 麵、在拉斯佩吉亞大啖各種作法的海鮮拼盤、在托斯卡尼山上，跟十數人共桌，看著牛肉狂人 Dario Cecchini 捧著牛排出場時唱誦「向牛肉感謝祝禱文」，大夥兒再一起畢恭畢敬地開動。九人座休旅車為尋覓最偏僻的酒莊，在布滿石子的蜿蜒山路上穿梭，並首度見識到義大利由北往南的地貌景觀變化。我後知後覺地對於區域間食物的差異感到驚異而著迷，在菜單與景物的變換中，複習料理學校中所建立的味覺記憶。

旅程結束後，再見佛羅倫斯，她像是變個人似的，蚊子變多，陽光更烈，晚上九點過後天才轉黑，如造訪的 Chianti 酒莊主人所說，我們終於迎來了今年的夏天。送走最後一批來訪的朋友，吃他們替我帶來的米啊醬瓜啊，收房間、看美劇、跟室友閒聊，我被夏天慵懶放鬆的氣氛圍繞，前兩天在餐廳實習的緊繃竟因此一掃而空。

想起在奇揚地山上一間兩層樓房子，從廚房跟飯廳往外望去，就是一片美麗典型的托斯卡尼風景，那個廚房激勵了我們想煮菜的動力，每天都有食物香味從廚房傳出，連房東的貓都不時跑來撒嬌湊熱鬧，我在我們托斯卡尼的廚房裡，第二次嘗試做托斯卡尼風味的燉牛膝，感覺比上一次又再成功一點，美景跟放鬆的心情對於做菜還是很有幫助的吧？

初至義大利時，因為不知怎麼跟攤販買需要秤斤論兩的食材，最喜歡到超市買菜，看到不懂的字就站在冷藏櫃前查個過癮，現在倒是有膽跟店家問起食物的作法、準備方式等等。賣牛膝的壯漢小哥幫我切下整塊肉中最豐厚的兩塊，嚴肅地指點，這塊牛膝妳至少要燉兩個小時以上！義大利人在很多方面也許不是很可靠，但說到食物，我們最好還是尊重點。

燉牛膝配上番紅花燉飯是米蘭的經典菜，但在做這道菜時我一邊參考學校的托斯卡尼版本，一邊比對了各種其他食譜，第一次試做這道菜時刻意將蔬菜切大塊，燉煮後仍能享受燉菜滋味;另一種較接近燉煮肉醬時的作法，也就是將胡蘿蔔、洋蔥與西洋芹等三寶切碎，經過兩小時燉煮後，蔬菜接近融化，跟醬汁融爲一體，整體醬汁口感較爲濃稠，兩種各有風味，我都喜歡。

BASILICO
RISOTTO CON LE ZUCCHINE
4 persone:
- 350 gr riso superfino
- 1 cipolla bianca tritata finemente
- 1 litro di brodo di pollo o vegetale
- 60 gr di burro
- 5 zucchine tagliate a fette
- 2 spicchi di aglio tritati
- 1/2 tazza di vino bianco
- 2 cucchiai di Parmigiano grattugiato
- 1 cucchiaio di prezzemolo tritato
- 1 cucchiaio di basilico tritato
- Pepe bianco
- Sale
Sciogliere metà del burro in una casseruola, aggiungere la
5 minuti a fuoco dolce. Aggiungere gli zucchini
minuti circa. Aggiungere l'aglio e
olio tostare il riso a fuoco
Aggiungere il

第 4 道 / 餵飽你的酒肉朋友們：托斯卡尼式燉牛膝 Ossibuchi alla Toscana

材料：

牛膝 2 塊、原味番茄泥 500g（義：passata di pomodoro）、義大利生火腿 50g 切碎、洋蔥 1 顆切碎、紅蘿蔔 1 根切碎、西洋芹 1 支切碎、大蒜 1 瓣切碎、平葉巴西里 1 匙切碎（英：parsley 義：prezzemolo）；半杯紅酒、一些麵粉、1 顆檸檬皮切碎；鹽、胡椒、肉豆蔻粉

作法：

1. 將牛膝骨與肉接合處稍稍剪開、將牛膝用線綁起，兩面拍上一些麵粉備用。
2. 橄欖油加熱後放入切碎的洋蔥、西芹與胡蘿蔔蓋鍋煮約 15 分鐘，過程中不時攪拌。
3. 在作法 2 中加入火腿與蒜碎拌炒 2 分鐘，直到上色、蒜味釋出。
4. 另起油鍋將牛膝放入，大火將兩面煎至焦黃。
5. 將牛膝放入作法 3 中，開大火沿鍋邊入白酒，煮到酒精蒸發。
6. 加入原味番茄泥、肉豆蔻，並用鹽與胡椒調味，轉小火蓋鍋蓋煮約 2 小時，每半小時將牛膝翻一次面。
7. 關火撒上巴西里與檸檬皮碎後盛盤。

大家煞有介事宣布：妳一會用麵包沾盤中醬汁吃、二會講義大利文、三會甩鍋讓麵跳舞，達到領取義大利護照的資格。恭喜妳，正式成為義大利人！

Letter 5.
想拿到義大利護照？先學會甩鍋。

義大利麵曾是我此生最大的恐懼。

出國前當然經常照著各式食譜亂做一氣，大家都說：千萬要保持 al dente。我依樣畫葫蘆照著麵包裝上的建議烹煮時間減個一到兩分鐘，麵撈起後，丟入盛著醬汁的鍋裡，拚了命的攪拌……此時已滿頭大汗。麵入鍋後立刻咻一聲，把醬汁吸乾，這時候加一點煮麵水；它在鍋裡滾啊滾，我狼狽夾起一根麵條試吃、調味，接下來呢？要煮到什麼程度才好？麵是否這麼一煮，就不再 al dente 了呢？更別說只要煮超過五人份，整鍋麵如八腳章魚倒栽蔥，向平底鍋外延伸，無從攪拌……讓人困惑不已！

混在義大利人中上課與實習後，才發現我們常掛在嘴上當聖旨那樣實踐的 al dente，倒是很少人提起，區域跟區域間對麵的硬度喜好不同，再加上，不要把麵煮爛，是不需言說的默契，說了簡直脫褲放屁嘛。真正該在意的，是醬汁跟麵的合體、是醬汁與食材組成的合理性；即使是清冰箱料理，也不該把八竿子打不著一塊兒的食材硬擺鴛鴦譜。

學語言需要先有語感，我身爲外國人，在學校時開始積極建立自己的味蕾資料庫，學習那些義大利人早已習以爲常的味道組合。進入餐廳實習後感到更爲混亂。大家七嘴八舌建議有如白紙一張的我，出餐期間更誇張以慢動作甩鍋表現英姿（一，二，三：幾隻手整齊劃一將鍋子輕拋，麵在金黃醬汁中閃耀，躍起、落下），並嚴肅表示：妳必須學會用甩鍋的方式完成義大利麵。Saltare la pasta，讓麵在鍋中跳舞。這樣才能讓醬汁徹底包覆麵體、形成乳化的醬汁。要我甩鍋炒一鍋菜沒問題，讓麵跳舞卻破壞了我身體某部分的協調似的，手徒然在空中前進後退，麵卻還是泡在醬汁裡對我訕笑。下午空班時間，當班的副廚決定扛下責任，教導我這肢體障礙者，其他廚師一一從我身邊走過，拍拍我的肩：「祝妳甩鍋愉快。」

「這很簡單，想像鍋柄是妳手臂的延伸。」他一派輕鬆。

毫無邏輯，我是肉做的啊，而鍋柄是鐵，我嘀咕。肉做的手仍毫無進展。

「手腕不用出力，讓上臂帶動下臂，一氣呵成。」

鍋裡盛著兩公斤的麵，我單手舉鍋，連肛門都在抖，手腕不出力哪行？

如此這般折騰了一下午，我勉爲其難地成功將幾根麵拋起，留在鍋裡的汁液比濺出的多，也算頗有進展。

像學任何事情一樣，當你不再惦記著秘訣規則，開竅就不遠矣。我始終記得幼時雙腳踏著腳踏車踏板，行雲流水向前進，不再歪曲倒地的第一個瞬間；我右手舉鍋，呼吸那樣自然地把食材放入鍋中，一邊跟身邊的副廚丹尼說笑，輕輕一托便把麵往上拋，見證這一刻的丹尼瞬間臉歪嘴斜，誇張吆喝其他人來看，大家煞有介事宣布：妳一會用麵包沾盤中醬汁吃、二會講義大利文、三會甩鍋讓麵跳舞，達到領取義大利護照的資格。恭喜妳，正式成爲義大利人！

這就是我如何成爲義大利公民的故事。

不入虎穴，焉得虎子。

第 5 道 / 回到原點學煮麵：讓麵跳舞、像海一樣鹹
La Mantecatura e la Salatura della Pasta

義大利麵是我們對義大利菜最普遍的認識，乍看很簡單，人人都能做上幾道，但做起來總有點……歪七扭八。它對我來說是最需要技巧的菜色之一，學起來費的苦心不下於其他大菜。

首先，在義大利，上菜順序可大致分為以下：前菜（antipasto）、第一道主菜（il primo）、第二道主菜（il secondo）及甜點（il dolce），即使在家吃飯，第一道主菜就是澱粉——麵、燉飯、馬鈴薯麵疙瘩等，吃完時媽媽才會端出第二道主菜——肉、魚類；在餐廳菜單上會更明顯看到此區別。所以義大利麵較真實的吃法，究竟是跟我們平常在餐廳裡看到的，上面鋪上大塊肉或大片魚，有極大差別。正常的作法，是將菜或肉，切成一口大小，並不會讓你吃麵時，還有種吃炸雞排飯的感覺，而這些食材的存在，也幾乎都是有道理的，譬如我們熟知的培根蛋麵中的豬頰肉（guanciale），切成一定的大小，求的是它的鹹香滋味。

我們時常看到很多食譜書，探討做義大利麵時的煮麵水裡究竟該加鹽還加油？甚至水滾前水滾後加都要吵，把這當作國家大事在討論。

其實義大利麵最重要的，就是把煮麵的那鍋跟醬汁的那鍋，當成兩件一樣盛重的事處理。首先，鍋裡的水滾後，得撒入大量的鹽，我初學義大利麵時，義大利同事們都會要我拿湯匙試喝煮麵水：「得像海水一樣鹹！像海水一樣鹹了才能下麵！」

而原因並非可防止麵條黏在一起（拿個夾子攪拌兩下就能預防！），是要讓麵有味道。再來，不管你要做番茄醬汁或只是「清炒」，這一鍋也是要調味的，麵鍋出來的麵會有鹹味，但若醬汁沒有適當調味，整盤麵還是乏味，醬汁調到滿意的鹹度，與鹹麵水煮出的麵，只有層次調和的鹹度，並不會加乘到無法忍受的鹹。

此外，一道麵的醬汁是否到位的關鍵，不管是我們常見的番茄底、或所謂的「清炒」，它們的共通點就是：你得先把醬汁搞定！當然你可能會説都説是清炒了，怎麼還需要醬汁呢？因為其實根本就不該稱它為清炒義大利麵。無論如何，專業廚房裡的義大利麵都還是要經過「進到醬汁那鍋裡，加上煮麵水煮過」的過程，因為管你做什麼醬，重要的是讓它麵醬合一，形成一種既不是水、也不是油的乳化醬汁。當然，我看過的義大利媽媽們，十之八九都還是醬汁跟麵各自煮好、再把麵水瀝掉後，丟進醬汁鍋裡攪拌，或反之。

重要的是煮麵時必須預留一點煮麵水備用，是做任何義大利麵都該注意的事，麵與醬結合後若變太乾，麵水此時能派上大用場，把麵加入醬汁鍋時也順便加入一點麵水，讓醬與麵的味道充分融合，並在起鍋前加點橄欖油（視情況也有用奶油的時候），適度攪拌讓醬汁「乳化」（專業廚師們會用甩鍋的方式，並非為了耍帥，而是如此可以均勻讓麵與醬汁相好，也不會因為過度用器具攪拌破壞了麵），出來的成品才不會湯湯水水四不像。判斷麵的熟度與醬汁是否適度，則是靠經驗累積出來，跟一群義大利同事出外用餐時，送上來的麵要是泡在醬汁裡，可會被大家砲火猛攻，要是送上的麵硬度適中、醬汁又漂亮俐落地在底下微微襯托著麵，大夥兒對此餐廳的敬意則會因此升高。

練習了好多次，每次都還不那麼確定，每幾秒就試吃一口，
生怕煮太過；最後又該呈現怎樣的質地呢？

Letter 6.
實習，成爲廚師前最後一課

爲了即將到來的餐廳實習，學校煞有其事地帶著我們訂制服、四處張羅裝備，來授課的各餐廳廚師們，也一一叮囑注意事項：餐廳實習可不是鬧著玩的，跟在料理學校上課是兩碼子事！幾個同學甚至相約，陪著每個人到即將實習的餐廳門口繞繞，壯膽打氣。

實習第一天，我提早四十分鐘到餐廳門口，這是一間位在鬧區巷弄中，一家老字號的中高價位餐廳，跟很多佛羅倫斯老餐廳一樣，特長之一便是高品質的佛羅倫斯牛排。我在門口踱來晃去，始終提不起勇氣進門。一直到外場工作人員打掃餐廳時見我一臉猶豫，才忍不住跑出來，翻個白眼說：「妳來實習的吧？快去報到。」

跟其他千千萬萬人的實習工作一樣，我的第一個任務便是削馬鈴薯，削很多馬鈴薯、再將它們切成一定的大小，我喜歡這種制式瑣碎的工作，有助心靈沉澱。他們也教一些招牌菜食譜，邊要我從洗菜開始準備：大量做餃子用的菠菜，將整個大洗手檯徹底洗過、裝滿水，菠菜下水後，浮起大量塵土，洗、把汙水瀝掉、再填滿水，再洗，主廚經過時，看著我將大半身體全探進洗手檯裡，笑著同意：菠菜就是這樣，必須拚命洗了再洗。好像在背誦什麼箴言書上的道理。他們盡可能在空閒時詳細說明每個步驟，讓我試吃各烹煮過程。我一得空便細細研究菜單，把廚師們做的事歪七扭八地抄下。

語言當然是個問題，實習時我的「食譜字彙庫」大約已建立七八成，可以順利聽懂：在鍋子裡加油後放入蒜、去切兩顆馬鈴薯、在冰箱右邊找三根胡蘿蔔來，這種指令。但仍在社交用語中掙扎，一邊切馬鈴薯，一邊跟巴西來的年輕女廚師英義交雜聊天，在斷裂的語言線索中，拼湊彼此的生活樣貌。實習時我每天只需工作十小時不到，看她和其他人除了睡覺，天天都混在廚房裡，隱約替他們感覺辛苦，卻沒意識到若要走這條路，這將變成我的日常。後來他們漸漸願意讓我幫忙做甜點、做午餐套餐要用的醬汁，偶爾還能幫忙一起出餐，彼時標準：擺盤達到出餐要求水準、在大人忙時閃開不要擋路！啊，多天眞美好。

餐廳有道受歡迎的招牌菜，用托斯卡尼當地的奇揚地紅酒（chianti）與煮到甜軟後打成泥的洋蔥做的燉飯，最後再刨上硬質羊奶乳酪。吃得我欲罷不能，每次當班廚師做這道菜，我就在旁掉口水，看著看著竟也學起來，在一個馬鈴薯都切完、菠菜都無法再更乾淨的早晨，我竟被主廚指定做這道當員工餐給大家吃，煮燉飯這事是這樣搞的：等米飯吸飽高湯後，餵它一杓、稍微收乾後，再一杓，十五分鐘就守在火前揮汗照料，眼巴巴等它一眠大一吋，那米心的硬度呢，又該如何判斷？練習了好多次，每次都還不那麼確定，每幾秒就試吃一口，生怕煮太過；最後又該呈現怎樣的質地呢？太乾不對、變成湯泡飯也不行，嚇得我魂飛魄散。成果如何也不記得了，大家大致是有嘴上誇讚幾句吧，只是拖延員工餐上菜時間的教訓，讓我之後不管何時做員工餐，都戰戰兢兢不敢大意，憤怒的暴民鬧起革命來可不得了！得罪了外場，上班時間愛睏沒咖啡喝才是人間慘劇。

離開實習工作，就像是離開有對開明父母、一切條件都好，就是人品不好的情人，雖然有點不捨，但終究是得離開。如果能永遠繼續在佛羅倫斯的鬧區裡，這間日日做著傳統菜譜的餐廳裡實習該有多好？無奈口袋卻不允許。

走的那天倒很歡樂，副廚把我愛吃的幾樣菜都送上員工餐桌，在出完餐的午後一起坐下來慢慢吃，打掃阿姨送我一朵玫瑰花，吧檯的茱莉亞則做了最後一杯咖啡給我，我把玫瑰帶回公寓陽台上插著，跟一旁買來做菜用的羅勒葉盆栽作伴。

第 6 道 / 與佛羅倫斯的旅居學習道別：奇揚地紅酒燉飯 Riso al Chianti

材料（4 人份）：
紅酒 1 瓶半（這裡用的是奇揚地（Chianti）紅酒，或任何不甜（乾）紅酒）、洋蔥 1 顆半、奶油 100g（收尾用）、帕瑪森起士適量、硬質羊奶起士（pecorino romano）、燉飯用 carnaroli 義大利米 280g、鹽、黑胡椒、蔬菜或雞高湯、少量百里香

作法：
1. 做紅酒洋蔥泥：將洋蔥切絲，入油鍋煮至洋蔥變軟、呈半透明狀後，倒入半瓶紅酒並開大火煮滾，轉小火、蓋鍋蓋續煮約 20 分鐘至軟透，中間若湯汁不足可加入適量高湯。將洋蔥連同湯汁一起放入食物調理機中打碎、過篩。
2. 將奶油切成小塊、帕瑪森起士適量刨絲，將兩者都冰回冰箱。
3. 在一爐上加熱高湯至滾。在另一爐上用少許奶油（不在材料表內）與橄欖油起油鍋，洋蔥半顆切面朝下放入深底油鍋中，加入米適度翻攪後，倒入一杯紅酒，煮滾約 1 分鐘後，放入作法 1 的紅酒洋蔥泥，湯汁被米粒吸收後，再一杓一杓加入滾燙高湯、持續攪拌，大約 15 分鐘後可一邊試吃熟度，煮到差不多的熟度後，將切半洋蔥取出，開始注意燉飯中的高湯量，讓它保持稍微潮濕濃稠、不太湯水的稠度。
4. 關火，將預先準備好的奶油與起士刨絲拌入燉飯中，使盡全力攪拌，讓奶油乳化，形成濕潤油亮的質地，盛盤時刨上羊奶起士與新鮮百里香葉（非常搭配！）完成。

Chapter2.

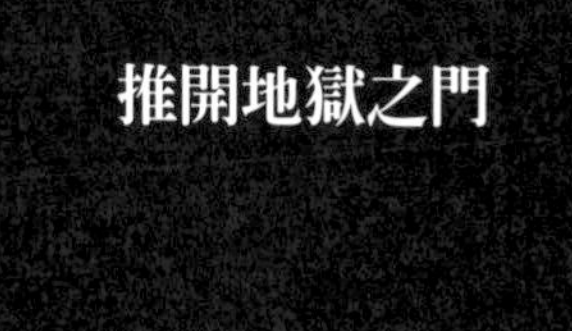
推開地獄之門

面試加試做的時間與地點：從大門進入後，繞去後門警衛室、
搭特殊電梯到地下一樓、跟門房說妳要跟行政副主廚 L 面試。

簡直像去霍格華茲那樣曲折。

Letter 7.
蹬著紅鞋闖倫敦

其實我並沒有計畫當廚師。離開義大利後，只想：老娘我想變得更強。開始投履歷，決心在餐廳裡繼續練功。在餐廳實習，跟在餐廳正式工作，根本是天差地遠的兩件事。只是那時的我並不知道。初至倫敦，花了大約兩周安定後，我將自己丟進這花花大城中，用對我來說全然陌生的方式找工作：挨家挨戶投履歷。在台灣，往往用求職網站就能找到喜歡的工作，我到一個全然陌生的城市，論壇網站成為聖經，而它們說，要找餐廳工作，非親自去現場投履歷不可！我託朋友印了 20 份履歷，穿上行李中看起來最正式的衣服，出征。

第一間餐廳在貝克街上，我是小說迷，工作從這找起也不過份吧。在門口心理建設了二十分鐘，不斷傳簡訊給台灣友人尋求慰藉，心中響起朋友的話：妳是曾被國際大公司挖角的人，我不懂妳跑去做底層工作幹嘛？

我聽見自己聲音顫抖，但語法還算正確地說，請問你們有在找廚房內場人員嗎？他們總用：「經理不在，我再幫妳轉達。」敷衍。走到第五間餐廳時，我的臉皮早已厚到不再害怕。

在義大利時，公寓裡來了個英國女孩，用八高度的語調說：妳要是來倫敦找工作，一定要去XXX，英國最棒的義大利餐廳！那是個有名的義大利廚師開的餐廳，在倫敦像長香菇那樣四處茂盛。我挑了鬧區分店走進去，出來迎接的是略爲豐腴的女經理，一聽我要應徵內場，臉馬上垮下：「甜心，妳確定不想做外場嗎？她連履歷都不願意看，說，我們公司不用女生當廚師的，妳知道，廚房工作太繁重了，女性不宜！」

去他的挨家挨戶投履歷，我再度回到網際網路的懷抱。

第一間召喚我的餐廳，是國際連鎖五星級飯店。人資寄信傳誦密令：

面試加試做的時間與地點：從大門進入後，繞去後門警衛室、搭特殊電梯到地下一樓、跟門房說妳要跟行政副主廚L面試。

簡直像去霍格華茲那樣曲折。

行政副主廚L只大約跟我面談了十五分鐘左右，確認我不是什麼喪心病狂的傢伙後，帶我領取制服，準備試做。那是我這輩子看過最巨大的廚房，擺滿各式器具冰箱與工作檯後，還可供兩支足球隊練球。裡面有數不盡的廚師、約 20 個副主廚，數不盡的通道，那天就在切菜、準備宴會餐點：200 公斤牛肉、400 份甜點、300 斤米飯、上百斤的炸透抽中度過。推著備好的料繞過無數大廳、下兩層電梯，穿過兩個蔡明亮電影裡的無止盡長廊、經過兩個備料廚房，才到達宴會廳的前廊，供餐、向陌生人問好，落幕。行政副主廚 L 顯然很滿意：我決定錄用妳。但有個問題：職缺到下個月初才會空出，再電話通知妳。

接到電話時我正跟朋友在 Richmond 公園看鹿，在那之前我以爲工作有著落，開心地買了雙小紅鞋慶祝。

行政副主廚 L 仍是那口濃重的印度腔：「偶們空怕咩有義上請行人了。」

避免尷尬我只好說：抱歉請再說一次，我這裡收訊不良。鹿在一旁用牠的瞳鈴眼瞪我。「我們確認過預算後，發現目前沒有預算多請新人，要請妳多等兩個月。但如果妳願意的話，我們可以去喝個咖啡。」謝謝再聯絡。

這之後，我發現直接從各餐廳電子信箱投履歷，才是最有效率的方式。不久後就接到富人區的義大利餐廳寄來的面試通知。那餐廳小巧精緻，爲此我特別去 H&M 買了便宜的西裝外套上場。義大利籍主廚人高馬大，用濃厚的義大利口音跟我面談了一小時。這成爲我在倫敦第一份工作。

直到現在，那件爲了面試而買的西裝外套，不時跟著我出席大小約，每每被人誇讚時，我總說，那是爲了一個義大利男人而買的，大家顯然很喜歡這答案。而那雙慶祝錄取飯店的紅鞋，則因爲卡腳而被打入冷宮。

在霍格華茲般的飯店廚房裡炸了近百斤的透抽，那炸粉的配方炸出來卻太厚，吃起來像麵皮夾透抽，失去此菜原意。後來在義大利餐廳的開胃菜單上也有這道菜，炸粉材料簡單很多，卻略施脂粉那樣優雅點綴，我自己時常拿這比例炸各種海鮮，一吃彷彿又回到義大利海邊。

第 7 道 / 略施脂粉才優雅：完美比例炸透抽 Calamari Fritti

材料：

透抽（或花枝、中卷，這些讓人一頭霧水的軟體動物們）2 隻、低筋麵粉 100g、杜蘭小麥粉（semola）300g（烘培材料行皆有賣）、海鹽、黃檸檬

作法：

1. 將透抽清理乾淨，將觸角切成兩段、身體可直接切成圈圈、也可剖開後切成長度約 6cm 的方塊。
2. 將兩種麵粉在一大碗中混合、攪拌均勻，將處理好的透抽放入碗中，均勻裹上粉後，放入細濾網中，輕輕拍打過濾多餘麵粉，入 170° C 油鍋中炸。起鍋時撒上海鹽、檸檬視喜好擠上。

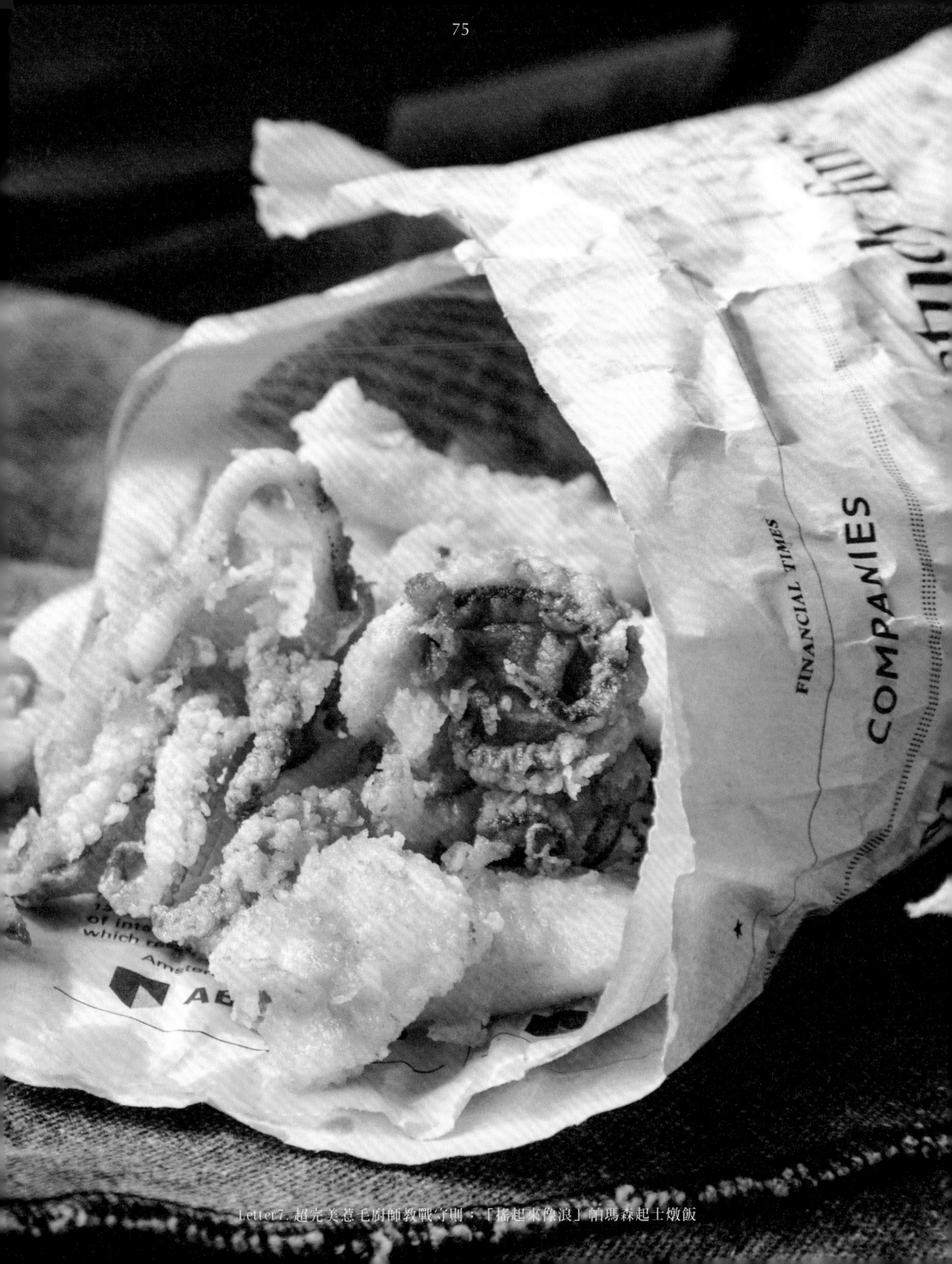
FINANCIAL TIMES
COMPANIES

有他在的廚房總是安靜無聲，只有副主廚用刀子精準劃過牛肉、高湯在大口鍋中啵啵啵、冰箱開過又關起的聲音，同事間輕微的交談若是夾雜笑聲，他會說出那句經典：「廚房裡不准有笑聲！」

Letter 8.
揉麵時光

主廚：妳爲什麼這麼怕我？

我：因爲你很可怕。

說出伴君如伴虎這句話的人，八成在餐廳廚房待過。

每天早上換上廚師服後，我的第一要務便是揉上兩團麵。

在光滑的大理石工作檯上，撒上義大利00級細麵粉，站穩腳步，有節奏的揉推麵團，幾個月前，那位花枝招展的托斯卡尼老師的話言猶在耳：「它越頑強，妳就越不能使勁兒，以軟化強，用掌腹輕柔地對抗它，想像它是妳的孩子，妳的男人。」從義大利的廚藝學校結業後，這是我來倫敦第一份工作，能夠從甜點部開始，而非最低階的洗碗工作，我心懷感激。這是一間位在富人區的義大利高級餐廳，餐廳裡所有東西皆由廚房自製，菜單上的甜點、冰淇淋，餐前兩種麵包及餐後的巧克力與義大利硬餅都是我的工作。甜點區出餐時間較晚，工作節奏與性質皆與正餐不同，我每天揉麵，耐心地等麵團發酵長大，一心嚮往有一天能「升職」去做正餐。

前面的廚房轟轟鬧鬧，主廚不在時他們唱歌說笑，出餐時又像一支有紀律的軍隊，除了主廚喊菜的聲音，就是整齊劃一的「Sì Chef ！」。整間餐廳除了我跟南非籍的洗碗工外，全是義大利人，我用在義大利時夜夜苦讀食譜累積來的義大利文，荒腔走板地與同事們溝通，他們在出餐忙碌之餘，會帶自己線上的食物來餵食我，或跟我討甜食吃（要是被主廚發現，我們全都要被丟被罵的！）除此之外，在甜點區裡我唯一能說話的對象，就是那幾個緩慢膨脹的麵團，我對它們噓寒問暖、抒發心事，熱切關心它們的成長進度（想像它是妳的孩子，妳的男人），在中午出餐前半小時，得準時送給主廚試吃（他高深莫測的表情總嚇得我一身冷汗），再交給服務生，任何一點失誤都有可能讓我頂上人頭不保。

主廚像頭野獸，人高馬大、脾氣極差，時常四處翻找食物嚷肚子餓，據說他每天都要來點古柯鹼，我猜大概就這原因吧。有他在的廚房總是安靜無聲，只有副主廚用刀子精準劃過牛肉、高湯在大口鍋中啵啵啵、冰箱開過又關起的聲音，同事間輕微的交談若是夾雜笑聲，他會說出那句經典:「廚房裡不准有笑聲！」我剛上班的第一個月，主廚習慣用半英半義文跟我溝通，一次他指令下來，我猶豫不決分不清那濃厚的口音，說得是哪國語言？他老爺臉色一沉：「妳他媽的以爲妳是誰？ Chef 跟妳說話妳只能說是，對我擺什麼臉色？ xx 的妳不要命了是不是？」我很感激他這麼罵我，伴君如伴虎，這準則不管去到哪個廚房，都很受用。

然而我們已經不知道多少次親眼目睹忙碌的出餐中，有人因爲不服氣回嘴，被主廚用盛了菜的盤子砸、全身湯湯水水的被趕出廚房，這時正在放假的同事，就會被緊急召來上班，這種鳥事我們全都經歷過，主廚每三天就要開除一個人，剩下的人就得無止盡地上班。排休日一早接到副主廚電話，你只能認命爬起床，取消稍晚跟朋友的約，乖乖上工去。你可以選擇不接電話，不過之後要是發現下周班表上，沒有代表排休的「off」三個美妙英文字母，或是主廚不經意在你潔白几淨的工作檯上發現髒汙，要你利用空班兩小時把整個廚房翻過來打掃過，也不用覺得太訝異。那陣子我們所有人都因爲廚房缺人，連上十天的班，義大利阿瑪菲來的傑納羅擰著他的廚師服說，「我汗多到衣服都能擠出水來，但我根本沒時間洗它，明天是我第五天穿它。」那上面滿是油漬汙垢，像我們身上那樣，指縫充滿食物殘渣，雙手有各種類的燙傷、割傷、刮傷，雙腿爬了瘀青，深夜回家地鐵上，我們會伸著手比較誰的傷多，像是某種戰役留下的光榮印記。

好在廚房裡的時間有時緩慢無止盡，忙起來又兵荒馬亂瞬間即過。兩個月下來我變強壯了，一天十六小時的工時不如開始時那麼痛不欲生，也漸漸適應久站的疼痛。麵團一個個被揉起、發酵、送入烤箱，三個月後，勤揉麵的手臂上微微長起肌肉，而我也終於如願被派上前線開始站前菜檯。從甜點區結業的那天，我捲起袖子含情脈脈地準備揉上最後一批麵團，甜點主廚正經八百地看著我，用他那濃厚拿坡里口音的義大利文說：親愛的，其實我一直都想告訴妳，我們用機器來揉麵不是快多了嗎？

ATLAS 150

第 8 道 / 磨練溫柔與紀律：初戀佛卡夏麵包 Focaccia

有一陣子我的日常是由揉佛卡夏麵包開始的，日日夜夜，總算摸透它的脾性，後來在離開那間餐廳後，竟接到副主廚電話，緊急要我口述佛卡夏食譜，説在我之後，再沒人能做出理想中的味道。我非專業麵包師傅，只欣慰那些早到晚退的日子，每天與它情話綿綿搏感情的，也算是沒白費力氣了。
此食譜將配方稍微調整成在家也能容易操作。

材料：
高筋麵粉 470g、溫水 230g、生酵母 12g、橄欖油 45g、鹽 12g、糖 14g、牛奶 115g、迷迭香適量

作法：
1. 混合溫水與生酵母後加入橄欖油、糖、牛奶攪拌。
2. 將作法 1 倒入麵粉中攪拌成團。
3. 將麵團蓋上布或保鮮膜後室溫發酵。
4. 約 2 小時後將麵團放入長形烤膜中延展，並用手指在上面留下一個個洞，撒上切成小段的迷迭香與海鹽，進行二次發酵。
5. 約 1 小時後，等麵團長約一倍高度，便可放入預熱過的烤箱，185 到 190° C 烤約 30 分鐘，或直到表面金黃酥脆。

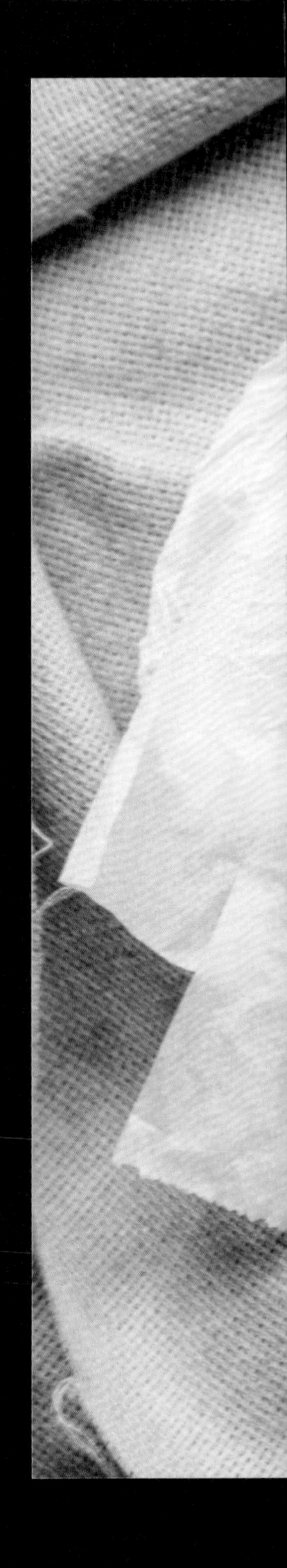

POMEGRANATE
£1.80
GALIA MELON.
£1.80
MUSHROOM
£4.40
KIWI FRUIT
40
ITALY
Flat Peach
2 For
£1.50
SAMPHIRE
£18
PADRON PEPPER
£2.50

他們老說：死後要把這輩子浪費的食物全數吃掉。進入專業廚房工作之後，覺得死後絕對注定要泡在餿水桶裡吃到死透。

Letter 9.
爸，我丟了顆白松露

我爸一輩子胼手胝足，該娛樂時盡情吃喝，該節省時也毫不客氣，前晚殘留飯鍋的白飯連夜泡水，隔天煮滾了吃稀飯。我年輕氣盛不以爲意，不大喜歡吃過夜食物。一直進到廚房工作後，才知吾輩罪孽深重。

每天早上大箱大箱的活龍蝦、海鱸魚、比目魚，各種香草：迷迭香、薄荷、百里香，跟各式鮮美的番茄，與待分切的牛肉羊肉，都像不用錢那樣送到廚房來，好不熱鬧，我跟著副主廚一起清點貨物，君王般等著各國使節朝貢，站在世界頂端的滋味眞好，輕飄飄的。乾貨儲藏室裡也有各式南北好貨，比利時的70.5%苦甜巧克力、義大利的乾燥牛肝菌菇、珍貴的番紅花、各種料理用鹽、酒，這是一間餐廳的神經中樞，所羅門王的寶窟。

不輕易浪費食材是個概念。理想的狀態。在菜上放著山蘿蔔葉裝飾，將其根莖充分利用入菜、增添滋味也增加口感，更是現今政治正確的潮流，爲廚者應該要有的意識，實行起來卻不容易。他們老說：死後要把這輩子浪費的食物全數吃掉。進入專業廚房工作之後，覺得死後絕對注定要泡在餿水桶裡吃到死透，安慰的是有身邊這些同事們作伴。

剛開始工作不久，屁都不知怎麼放，就接到消息：餐廳內部改裝，暫停營業兩周，準備全面大掃除。學到一半的食譜也甭管了，我們著手把儲藏櫃啦、冰箱冰庫啦，廚房裡最隱密的角落都清空。保存期限長的乾貨，一一包裹仔細，準備送去公司倉庫，主廚邊打呵欠邊指揮：喂，那個誰！容器外面都要用保鮮膜裹好，貼上標籤再分門別類放好，別讓寶貝食材吃灰塵！

副主廚在角落處理大塊牛肉跟鮮魚，準備當今日員工餐吃掉。我們幾個小嘍囉則依依不捨地分配新鮮食材：昨日才鮮採的各式香草，休假兩周用得上吧？我小心放進袋子裡，心裡構思著可以做的菜。出餐剩下的巧克力塔，裝在外帶盒裡，竊喜明晚甜點有著落了。

分贓分得忘情，上午過了一半，打掃進度毫無進展。主廚從辦公室出來檢查，氣急敗壞：「兩周後會過期的食物一律丟掉，不准私藏！」翻箱倒櫃逼我們大力清掃，於是什麼用剩的醬料啦、蔬菜啦、熬湯用的肉骨，一樣樣被翻出、丟掉。直到我伸手從冰箱裡掏出一顆罩在玻璃器皿中的白松露，頓時感到一陣眩暈：這顆小傢伙，能付我整個月房租。

我轉頭望向副主廚求援：「但它沒有過期。」

他聳肩：「兩周後就不新鮮了，要給客人吃不新鮮的東西嗎？」用眼神示意我放手。

我一臉爲難僵在大垃圾桶旁，手微微顫抖。他出聲催促：「妳快丟啊！」「快點，不要浪費我們時間！」我瞥了眼藏在櫥櫃下面，我那早已塞滿未來兩周伙食的包包，些微感到崩潰。事情大條，此時主廚也下馬，大眼一瞪：妳給我把它丟掉，不然餓妳三餐！

什麼都好，就是別餓我肚子，我心一橫，把那顆價值兩萬元台幣的食用眞菌丟入垃圾桶中。再見了一個月的房租、再見了可能可以用它做出的千百種好菜。腦中浮現爸爸清晨起床，吹著口哨將小鍋剩飯放爐上煮滾的姿態。

274
LADY
PROPAL

第 9 道 / 學著果決與精準：打開松露牛肝菌菇義大利麵 Raviolo aperto

義大利女孩在路邊小店裡點了一盤義大利麵餃（ravioli），送上桌時卻軟趴趴地開口笑，兩片麵皮夾著逃難般四處走散的內餡，女孩極度不滿，向廚師朋友抱怨一番。Raviolo aperto：打開的義大利麵餃，因此誕生；這個廚師是義大利現代料理之父 Gualtiero Marchesi，創作的菜色是所有義大利星級餐廳的仿效範本。此後，打開的義大利麵餃便像高端精品新設計一一往中低價位品牌、甚至路邊攤蔓延，變成餐廳與家庭都會做的菜。

義大利麵餃在製作時，本來就常因為中心空氣沒徹底擠出，在滾水中啵啵啵地煮時被弄破，這簡直是簡易又偷懶的替代方案。

材料（約 4 人份）：
千層麵用麵皮 200g（大型超市皆有賣）、喜歡的新鮮菇類 450g、乾燥牛肝菌菇（網路跟較多進口食材的超市有賣）50g、洋蔥 1/4 顆、大蒜 1 瓣、適量新鮮平葉巴西里、鹽、胡椒、橄欖油、奶油、核桃 40g 切碎、松露油（註）
起士醬：菲力奶油乳酪 Philadelphia 200g（超市皆有賣）、牛奶半杯、半顆柳橙汁、鹽、黑胡椒

作法：
1. 乾燥牛肝菌菇泡溫水約 30 分鐘，軟後將菇取出，切成小丁、菇水過濾後備用。
2. 熱鍋後放入一小塊奶油及少許橄欖油，將洋蔥切碎、大蒜拍過後放入慢炒，待洋蔥呈透明狀，將切成小丁的新鮮菇類連同泡水後的牛肝菌菇放入續炒，加入少許菇水增加風味、起鍋前撒上切碎的巴西里葉與一半的核桃。
3. 製作起士醬：此食譜原本使用義大利 taleggio 起士，在此用菲力奶油乳酪代替。將乳酪、柳橙汁、牛奶、鹽、黑胡椒在鍋中小火煮並攪拌，直到乳酪融化、與其他材料均勻混合。
4. 將千層麵用的麵皮切成 10*10cm 的大小，入滾燙的鹽水中煮（照喜好減少麵包裝上的建議時間），起鍋後放上乾淨布上擦乾。
5. 在兩片麵皮中夾入作法 2 的餡料，上面淋上起士醬、剩下的核桃，並淋上少量松露油完成。

若想使用新鮮自製的雞蛋麵皮（無庸置疑，一定比較好吃），用 200g 麵粉、2 顆新鮮、尺寸較大的土雞蛋，加點鹽，用掌腹輕揉成團，並用保鮮膜包起後，放冰箱休息至少 30 分鐘，再用製麵機或擀麵棒將麵團擀至喜歡的薄度即可。

註：松露價格高貴（當然也有季節跟良莠之差）、取得不易，此食譜可用松露油取代。前陣子飲食界曾因松露油掀起一波爭議，因多數松露油並非用松露製作，而是橄欖油加上合成香劑製成。不少餐廳會在松露菜色上滴上幾滴松露油增添香氣。其實若能找到真正松露製作而成的松露油，使用得當，並無不可。

REAL DAIRY
ICE CREAM
Multi Award winning
Luxury Ice Cream
Made on the farm
in the heart of the
Cheshire Countryside
great
taste
gold 2010

「妳今天被罵算什麼？我昨天還被主廚丟咧，在廚房工作，每天都這麼放不下可不行，出餐結束就結束了，明天再重新來過！他媽的妳快把冰箱擦完，我們去跳舞。」

Letter 10.
廚房生存之道

你的好戰友：那塊布

透早的廚房有種煙硝過後，濃霧漸開，晨起的露珠落入土地的清新感。火爐一個個被重新點起，煮麵鍋嘩啦嘩啦注入清水，那聲音總讓我想起午後的泳池。

大夥兒帶著淺淺的睡意，以王者檢視屬地的姿態，仔細清點各自工作檯的狀況，一邊有一搭沒一搭地聊著早上的地鐵狀況，一邊比對前一天值班同事留下來的待辦事項紙條。這樣的清閒對廚房的一天來說是非常難得的，因爲直到你發現前晚值班同事只替你留下一份烤茄子，或是兩份薄切牛肉而陷入恐慌前，每天都是新的開始。主廚通常不會一大清早就出現在廚房，所以你能趁機跟同事們打打屁，喜歡狐假虎威卻又愛跟人稱兄道弟的副主廚，這時往往會放任你們適度地嬉鬧。

我將切成 0.8 公分的圓茄一片片鋪平在烤盤上，撒上鹽、胡椒、橄欖油與新鮮百里香，將它們送進烤箱後，開始煩惱我的薄切生牛肉，這是餐廳的暢銷品，一場四十人訂位的午餐，至少要準備 15 份備用，而它切片擺盤又特別耗時，在出餐前你可以沒準備好炸櫛瓜、可以沒把沙拉醬汁調完，若是沒有備好生牛肉，就跟帶一把無法上膛的槍上戰場一樣穩死無疑。

負責主菜區的資深同事在一塊塊肥美的牛肉送到後，會親自將牛肉分切，將漂亮的菲力送到我手上，我先將它扎實得用保鮮膜捆成圓筒狀，再送入冷凍庫中，待它確實凍透後，才能用那台切片機切成 1 公分左右的薄片，之後再小心翼翼將薄嫩的生牛肉鋪在盤上。這種專業的切肉機是很多義大利餐廳或家庭的必備品，它的精準無情成了我這廚房裡的唐吉軻德最大的風車敵人，在跟它混交情時，曾讓我血流如注，西西里島來的強路卡把我扯到一邊，秀給我看他多年前被切肉機劃過的傷口：「被這麼傷過一次妳就一輩子都不會忘了。」繼續接手我的工作。

廚房工作是這樣的，不管私下你有多討厭一個人，工作時你們都是一條船上的戰友，任何一個崗位有人落後（或陣亡），整艘船都注定沉沒，在桌數精簡的高級餐廳工作，七十人的晚餐就如驚滔駭浪襲擊，每個環節與人員都必須依照節奏穩定前行，這代表著 mise en place（備料）必須確實在出餐前完成，出餐時才不用被未完成的醬汁、未切丁的番茄拖了腳步，在客人點單被那該死的機器緩緩吐出、主廚唸出：兩份主廚沙拉、三份薄切生牛肉、燉茄子、老帕瑪森起士燉飯、燉牛頰後（然後你還不能請他大老爺重複），你要直覺般地將該用的盤子、配料一一拿出，該炸的放油鍋，該烤的入烤箱，問問負責主菜的同事大概幾分鐘後能出菜，一邊還要仔細聽新的點單，以及主廚不時催促：「快！茄子放烤箱沒？起士有放夠嗎？還要多久？」「五分鐘，Chef！」而即使你已自身難保，分不清到底還要再做幾份焗烤茄子、炸鍋裡的櫛瓜眼看要炸過頭了，看到麵區同事因為早上剛做好的麵餃用完而淪陷時，也不得不幫他跑腿去主冰箱拿材料。

「妳知道在廚房裡誰是妳最好的朋友？」尼爾問我。下午兩點半，敵軍氣勢漸緩，我們總算有時間喝水喘口氣。他指指我們手上的燙傷，抓起我掛在腰間的布說，「廚房裡最好的朋友就是這塊布，只有它能保護我們免於燙傷，妳知道怎麼善用它，廚房的活就能成一半。」尼爾跟大部分廚房的夥伴一樣，十幾歲開始進廚房當學徒，賺了錢就到別的國家廚房去遊歷，年紀輕輕就身懷絕技，他們有著歐洲青年那種今朝有酒今朝醉的性格，胡鬧起來誰都攔不住，幹起活來則比誰都拚命，在冗長又極度濃縮的工作養成下，每個人都有著自成一格的生存守則，只要你不太討人厭，他們都會用各自的方式教你各方面的事。

廚房裡兩個大型烤箱，必須應付麵包、甜點到熬高湯的大骨，大夥兒總得依需求緩急，互相協調用烤箱順序，那時我還菜得很，急需用烤箱時怯生生不敢跟前輩討來用，強路卡性子急，把我的烤盤一托就領著我找前輩說：「這笨傢伙不知道你要用高溫，不小心把烤箱溫度調低了，你這不急，先借她用二十分鐘吧？」回頭對我說：「要裝傻、裝迷糊，假裝妳錯了，壓低姿態，別人以爲妳傻，很多事情就過了，妳時常笑臉嘻嘻，這是妳的優勢，善用它。」「但這裡，」他敲敲我的腦袋，說：「要比誰都清醒。」

廚房裡的各種體罰

「如果昨天老闆（擁有一支足球隊、兩間餐廳）沒在賭場贏錢，就不會來廚房一人發一百鎊，我們就不會跑去 gay bar 跳舞，今天也就學不到 La sera leoni la mattina coglioni（晚上一隻虎，白天變失智）這句義大利諺語；手上也不會因爲睡眠不足，失智多一塊燙傷了。這其中必然有需要參透的人生道理。」

——————— 九月十三日

每個廚師的標準裝備，除了珍貴的刀具包與胸前的筆，就是那跟著你遊歷一間間廚房，印下各式油垢污漬的筆記本，裡面無疑是你廚師生涯的精華：最機密的食譜，身邊來去不同廚師的足跡；我們都在短暫幾個月的交會中，在彼此身上留下自己的印記，有時候是不經意說出的一句話，有時是流傳已久的廚房生存智慧；不過也有很多時候，像我，就寫了不少對喜歡在十一點還加點全熟佛羅倫斯大牛排，或需要烤四十五分鐘的鹽烤海鱸魚的有錢中東人的滿腹怨言（在午夜十二點三十五分走出廚房時，會看到他們大啜甜酒、配上你犧牲休息時間拚命趕工做的冰淇淋，然後門口停了一排黑頭車，一旁則是西裝筆挺的司機們，而你還必須沒命似地跑，好趕上末班地鐵）。

我的是前往歐洲前，高中死黨送的黑色硬殼 M 牌筆記本，每天上工前，都小心翼翼地將它塞入口袋，去哪都帶著它。我盡可能地寫，熱心地蒐集食譜，與同事們的私房絕學。最理想的「寫作」時間，往往在 deep clean 前後；那個我們身在當下都痛恨無比、每周一次的大掃除，通常會在餐廳公休日的前一天進行，忙碌的一天結束後，腎上腺素還沒退，煮麵槽中的水痛快地放出，我們開始把髒到不行的圍裙解開，丟到乾洗籃裡，一邊互罵髒話，一邊用肥皂熱水跟海綿，刷洗廚房每一個縫隙。剛熄火的燒烤爐淋上冷水，所發出的蒸汽仍然夠將手臂燙紅，急著下班的洗碗工把大量的水往地上潑，你用鋼刷拚命刷洗爐子時，一面得想辦法保持平衡不滑倒。

這是廚房最漫長的時光，早晨時平靜的準備工作與出餐時的緊湊感消逝殆盡，這時候你只覺人生他媽的沒趣，撇開已經累了整整一周沒休息外，你滿心期待大掃除結束後可以回家大睡一覺，更使得大掃除顯得冗長（誰知道剛從廁所吸完粉走出來的主廚，會不會一時興起叫你們把掃過的地方重掃一次）。那幾乎是不帶意識的行動，你用早已熟練的身體，本能性的重複，整天勞動的髒污跟全身浸在油汙跟肥皂水中，讓你有種回到動物野性之感。大伙兒開始累到語無倫次，或嗨到擺臀舞動，那是你們難得可以放鬆的時候。

我泡在肥皀水裡跟抽油煙機上的油垢對抗，不忘向身邊的卡羅挖些家傳食譜：「欸，你們家聖誕節都做什麼吃？」他正費力地將一大盆的備料塞進冰箱，跟我一一細數他母親的拿手菜，「我跟妳說，那章魚沙拉最好吃了，妳沒事做做看。」卡羅才剛滿 23 歲，曾在英國知名的連鎖烤雞店做過好幾年，這小子用餘光一瞄，就能判斷烤雞的熟度，他常烤雞當員工餐吃，那雞烤得酥黃多汁，我這輩子還沒在哪吃過比他烤得更好吃的雞。

他跟其他同事一樣，年輕時就離開家，在歐洲四處工作遊歷，沒讀過什麼書，本事全是靠肉身，累積經驗碰撞出來的。對他們來說，即使當天因爲準備工作來不及做完，被主廚羞辱得體無完膚，在出餐結束、廚師服脫掉的那一瞬間，就被拋得老遠，只是用身體自動記住那些受傷出錯的當下，每一次都再變得好一點，如此而已。這跟我老是把疲倦跟壓力，連同燙傷一起打包回家大不相同。「妳今天被罵算什麼？我昨天還被主廚丟咧，在廚房工作，每天都這麼放不下可不行，出餐結束就結束了，明天再重新來過！他媽的妳快把冰箱擦完，我們去跳舞。」計畫好的慶生可能會被同事的病假毀掉，一時興起想早進廚房準備的計畫，也會被時常出問題的倫敦地鐵搞砸，那不如把握當下順其自然，工作時工作，還能動的話就去跳舞吧。

這些年輕的同事們教了我不少私房食譜、握刀的方式、烹飪的原理。但如果說他們眞正教會我什麼事，那就是開開心心地活在當下。

第 10 道 / 受傷流血之必要：烤磚壓雞 Pollo al Mattone

材料：

全雞 1 隻、新鮮迷迭香適量切碎、新鮮百里香適量切碎、1 顆柳橙汁液與皮屑、1 顆檸檬汁液與皮屑、大蒜 2 顆切碎、乾白酒半杯、橄欖油 6 大匙、鹽、黑胡椒、裹上鋁箔紙的磚頭一塊或耐熱重物。

作法：

1. 請肉販幫忙把雞去頭去內臟，將胸腔攤開後，用刀刺穿中間軟骨，將雞肉攤平備用。
2. 醃料：在大碗中混合柳橙汁液與皮屑、檸檬汁液與皮屑、迷迭香、百里香、大蒜、橄欖油、鹽、黑胡椒，攪拌均勻後將雞放入，讓醃料均勻塗抹在雞各處，並使之醃製 1 小時。
3. 再次用鹽與黑胡椒調味雞肉後，將雞皮面朝下放置烤架上（可用烤箱替代，用 200° C 烤約 1 個半小時），上壓磚頭或重物後烤約 20 分鐘到雞肉上色、翻面放上磚頭後續烤約 20 分鐘。肉最厚的部位有達 65° C 或用竹籤能順利刺入、感受到骨肉分離，即表示熟了，將雞靜置約 10 分鐘便能上桌分切。

這道菜最適合烤肉時做，好吃又有點故弄玄虛。將雞肉攤平並壓放重物可讓雞肉均勻受熱，並縮短全雞烹烤時間。

某天我因爲沒有及時準備好出餐用的油，被遠方飛來的油瓶攻擊額頭（好在它是空的！），但那天員工餐吃了炸薯條，所以日子還不算壞。

SB
IN
K
H
G
F
AA

Letter 11.
摘星

我想你不會想知道，一條廚師們隨身掛在圍裙綁帶上的布到底有多髒。但我還是忍不住想提醒你，越貴越忙（甚至掛上米其林星星）的餐廳，廚師們的布就越髒，廚師們的布用來擦什麼？你問我。其實也沒什麼，拿來抓滾燙的食物、清理工作臺、擦不小心滴下的汗，還有送到你面前的盤子（不然你以爲擺盤時畫歪的醬汁、飛濺的油，在趕著出菜時情急之下還會拿什麼擦？）。如果你只是單純想要享受美食，對送上你桌上的食物產出過程不感興趣，那麼這篇文章，也許可以當虛構故事來看，或者直接跳到文末，有道療癒人心的義大利鄉村燉雞食譜，是我在踏入專業廚房前，仍將做菜跟唱歌跳舞飲酒作樂畫上等號時，跟義大利老廚師學的。啊，美好的老日子。

凌晨5點半，整個倫敦都還在睡，我已穿過清晨的霧往地鐵站走去，在告別熟悉不過的義大利廚房後，某名廚旗下的米其林餐廳是我給自己的全新挑戰，我像時鐘規矩運行：

06：40	在餐廳附近咖啡店喝咖啡拿鐵：塡飽肚子用，下一次能進食的時間是十小時後。喝水？別傻了！你哪來的時間？偶爾能從水龍頭接點水喝就要偷笑！
07：00	換好廚師服、戴上圍裙，上工。
07：00 － 17：00	*&%#$U&&*#@#
17：00	員工餐時間——如果有時間吃的話——通常是十分鐘。
17：30 － 午夜 01：00	*&%#$U&&*#@#
01：:00	搭一個半小時夜巴士回家：因爲，親愛的，倫敦多數的高級餐廳，通常都開在偏遠的富人住宅區。
03：00	睡覺，然後不斷夢到當天未完成的備料工作。
05：00	起床。
05：30	穿過清晨的霧搭地鐵。

占地20坪的廚房位在餐廳的地下室，早到的我捧著咖啡睡眼惺忪走進廚房時，早有同事著裝完畢開始工作，離中午出餐還有五個小時，但事情多到超出想像的程度，一道鵝肝前菜，必須用低溫烹煮過、裹上甜菜根果凍，再放入急速冷凍庫中讓它成型，而搭配的醬汁則需花上數小時熬煮、濃縮，更別提其他費時的配菜。我們一天工作十八小時，爲的是將剪成同一種形狀的菜葉、濃稠度適中的醬汁，與其他10種元素，組裝成一道細節驚人的菜。比起廚師，我們更像工人，幾乎是不帶感情地在製作商品，一切追求快與精準。人人各有各自的事忙，我切魚你剪菜的互不相犯，共同的目標便是能在出餐前準備好當日的備料，要誰阻礙了這宏大目標，衝突也就難免：爲了搶廚房器具而推擠、後輩廚師沒有在時限內歸類剛送到

的蔬菜，被用整籃蔬菜砸、主廚抓著某廚師領子，推到牆上打罵：「你這狗娘養的智障。」還有各種因爲謎樣原因朝你身上砸來的物品。

某天我因爲沒有及時準備好出餐用的油，被遠方飛來的油瓶攻擊額頭（好在它是空的！），但那天員工餐吃了炸薯條，所以日子還不算壞。這些暴力都還好說，讓我最難克服的，還是餓肚子。想當初我因爲嗜吃而走入專業廚房，對做菜又抱有不切實際的浪漫幻想，哪知如今落得二十四小時中只有十分鐘吃飯時間，蹲在不時有老鼠經過的廚房後門，三口併兩口的，吃跟你一樣餓了整天肚子的低階廚師（菜再不整理完就又要被砸了），用他寶貴的十分鐘做的員工餐。其他時間則是拚命地跟空胃與睡眠不足而混沌不清的腦子抗爭，一旁高頭馬大的副主廚不時地吼：「你們他媽的是沒吃飯嗎？認眞！專注！我家的狗都比你們聰明！」你家的狗吃的比我還多，比較聰明也是應該的，我心裡不免犯嘀咕。

餐廳裡除了單點菜單、午晚餐菜單外，在廚房旁還設置了一個主廚餐桌，一套 6 到 8 人才能預約的「主廚餐桌菜單」，由專門的服務生服務、近距離觀察廚師們做菜（能看到主廚對下面的廚師拳腳相向，則是此套餐的額外福利），並能在用餐途中由廚師帶領到廚房參觀，然後在甜點師傅教導下完成自己的甜點擺盤————完美的米其林餐廳體驗，一人要價台幣七千元。每當有主廚餐桌的訂位時，我們心裡總半喜半煩，喜的是有客人看著，主廚兇起來總帶點秀味，出不了人命。煩的是這些客人身上穿金戴銀，看了不免有點肚爛，還得花時間應付。

今天這批客人在開吃一個半小時後，身上香水味像迪斯可音樂那樣震耳欲聾，嘩地灌進廚房，那簡直讓人自慚形穢的氣味跟在煙燻爐裡的鴨胸香氣產生詭異對比。他們熱心地說（操著濃厚英國腔）：「哎呀這麼熱的地方你們怎麼待得下去？」「喔我的天這太酷了，妳剛說這是什麼菜來著？」老實說我實在沒空搭理他們，兩秒前又來了三桌客人的點單，我面前躺了五盤待出菜的盤子，每一盤都得先用波特酒醬汁畫出色彩飽和、角度正確的線條，面前站著匈牙利來的女服務生，一臉不耐地問我：「Chef，三桌能出了嗎？」情急之下眼角瞄到負責出開胃菜的義大利小男生，用廚師布偷擦他每日的例行鼻血。

嬌客們酒酣耳熱地踩著紅底高跟鞋離去，一邊大聲嚷嚷剛吃了多完美的一餐，爲自己又摘了星星感到喜悅。一天結束前副主廚照例一一詢問各區域：「今天有沒有什麼剩下的食材？明天拿來做主廚餐桌的套餐吧。」

這是一道義大利傳統鄉村菜。獵到什麼，就煮什麼來吃，所以你家的獵人燉肉跟我的就是不大相同，寓意美、滋味又好得驚人，傳統點的食譜會要你買野味來做。在這裡你需要用好的雞肉，品質好的雞肉一吃就吃得出來。在這種高壓工廠式的廚房裡工作，偶爾忘記單純做菜的美好時，時常想煮這道菜吃。

第 11 道 / 為自己療傷：獵人燉雞
Pollo alla Cacciatora

材料：
巴西里少許、迷迭香 1 根、大蒜 1 顆、半顆洋蔥、2 根西洋芹、5-6 隻雞腿、白酒半杯、250ml 原味番茄泥（passata di pomodoro）、黑橄欖、鹽、黑胡椒

作法：
1. 取新鮮巴西里與迷迭香的葉子，切碎。洋蔥與西洋芹切成 1cm 左右細塊、大蒜拍碎，將以上所提一起入油鍋小火慢炒 10 分鐘，同時起油鍋將雞肉表面煎至焦黃，再將煎好的雞肉放入蔬菜鍋。
2. 加入白酒、開大火將酒精蒸發，倒入番茄紅醬，滾後轉小火、加入橄欖（稍微用水沖過）並調味，蓋上鍋蓋燉約 40 分鐘完成。

我們在廚房之外的場合遇見，輕易就能認出對方，因爲下了班之後我們也許可以把自己打扮得光鮮亮麗，但再美的化妝，也掩蓋不住滿身的瘀青，跟戰役過後光榮的傷疤。

Letter12.
豬頭記

以前坐辦公桌時最喜歡擦指甲油，護手霜也是從不離身。現在指縫裡總是有清不掉的油垢菜渣，雙手有各類燙割刮傷，而手臂也回不去過去那弱雞樣，否則怎麼應付有我體重一半重的湯鍋？漸漸地我開始跟其他少數的女廚師一樣，有著跟身材不成比例的粗壯手臂、面無難色地在男生面前快速換裝，因爲在戰場般的廚房裡沒有性別這件事，有的只有快、狠、準（兩個半小時內要出400人的菜！）。我們在廚房之外的場合遇見，輕易就能認出對方，因爲下了班之後我們也許可以把自己打扮得光鮮亮麗，但再美的化妝，也掩蓋不住滿身的瘀青，跟戰役過後光榮的傷疤。

————————七月十五日

我這在台灣人眼中略顯粗曠的長相，以歐洲人的標準來看倒算秀氣。

「妳在哪除毛的？爲何手腳都光禿禿？」這類的問題我至少被五種語言詢問過，他們不論男女都有毛髮過盛的困擾，對他們來說我就是個無毛ㄚ

頭。

憑著這張僞幼齒臉，走去哪個廚房都被誤認是甜點師傅。

「妳想必是我們的甜點廚師吧。」是標準問候語。

偏偏我就愛往火裡去，一陣子之後就主動請調大家都避之不及的肉區，你得獨自一人準備近千人份的肋排，將幾十公斤重的肉，從肉類冰箱中扛到作業台後解剖分切。

這區的點單如十萬大軍壓境，一次就 20 筆攤在眼前，攝氏四百度高溫的火爐中忙著進出各種肉排肋排春雞等等，顧這顧那很是熱鬧。同事們手上有毛保護，長期下來手腕成爲手毛分界，以下的手毛早被火燙得稀稀疏疏，我手皮薄，老是被熱氣燙得發紅，如果倒楣點受了傷，整隻手還是得放到火邊，那才有得受的。

有些中大規模餐廳，除了一般各線的廚師外，還有一種我們稱爲 prep chef 的備料廚師，他們負責做大量高湯、醃製食材、整理佐料與製作醬汁，負責支援線上廚師。感謝他們的存在，很多廚師連自己區域裡的醬汁怎麼做的，都不見得清楚。於是只要 prep chef 休假就天下大亂。所有人得輪流分攤他的工作。有一天我們的 prep chef 薩巴斯汀到西班牙度假去了，休假前的高湯品質都特別好，或許因爲他老哼著歌，好心情連牛骨都感受到了。

這下可好，醬汁高湯也算了，他的重點工作可精彩：煮豬頭。每周豬頭日來臨，供貨商便送來數十顆籃球大小豬頭，煮完後得將牠們臉頰附近的肉一一撕開，把眼珠挑出、耳朵拔開，平常這軟爛多汁的肉早就分類好、貼上標籤送到你面前，看不到的事就不存在，過去幾乎沒人懷疑這些豬頰肉打哪兒來？現在少了他，整籃豬頭堆在那，臉上掛著慈祥的笑，沒人知道該拿它如何。廚房裡一個日英混血的小個兒大美人艾卡是硬漢一枚（說也奇怪，我遇見的女廚師不是邋遢至極，就是美得驚人），粗重工作搶著做，做起事來俐落勤快，見豬頭朝我們笑了整天沒人搭理，挽起袖子戴上手套就開始處理豬頭，我只好硬著頭皮留下幫忙。

「Yen 妳看，這是腦！然後這是耳朵，其他我都不在意，這耳朵真夠噁了。」她說。

我挖出豬腦，回：「耳朵我無所謂，妳看看這鼻子有多反胃。」一不小心還把眼珠掉地上，黏液噴得到處都是。

凌晨 12 點了其他廚師紛紛打卡離開，經過我們身邊時還露出作噁表情。

「這些臭男生平常懲兇鬥狠，這種時候就裝沒事，這種人就叫 dickhead（豬頭）。」在夜半三更搞豬頭，我們不禁同情 prep chef，賺得比我們少，做的都是沒人想做的工作，當晚夢裡我又跟艾卡拔了整天盈盈微笑的豬頭，隔天上班只希望薩巴斯汀別再休假了。

隔天薩巴斯汀還是沒回來，倒來了個壯漢，號稱十幾年的廚師經驗，連問候都省了，上下打量我後，說：「妳站哪區？想必是做甜點的吧。」

我跟艾卡冷眼看他，齊聲說：「不，我們站肉區的。」

她轉頭看著我：「記得我昨天說的 dickhead 嗎？這不就站著活生生的例子？」

那新來的豬頭因爲無法應付龐大點單，做事不仔細，沒事又愛裝病，配菜區做沒兩周就被攆走了。

註：甜點廚師跟鹹食廚師是兩種不同的專業領域，在此無對甜點廚師不敬之意，正正相反，那需要的專注跟技巧是我們這些廚師望塵莫及的，雖然大家不免有「瘦弱女生就是做甜點」的扭曲成見，有趣的是我遇到的甜點廚師通常是彪形大漢。以貌取人萬萬不可啊。

製作生鮪魚片，或大家都熟悉的 beef carpaccio（生牛肉片），唯一需要的技巧是將肉切成適當圓捲體，再將之用保鮮膜緊緊裹成肉捲樣，經冷凍變硬後，再用專用機器切薄。此食譜能在家用刀切，捲完後放入冰箱即可。

第 12 道 / 成人系料理：義式炙生鮪魚片
Carpaccio di Tonno

材料：

生鮪魚 500g，新鮮綜合香草如龍蒿、平葉巴西里（其他香草不好買，用巴西里即可）、第戎芥末醬或黃芥末少許、鹽、黑胡椒

醃料：

2 顆柳橙汁、2 顆檸檬汁、200g 鹽、200g 糖、檸檬與柳橙皮屑各 1 顆。全部混合攪拌均勻。

作法：

1. 視鮪魚大小切成 1 到 2 塊圓柱體放入醃料中，密封後放入冰箱醃製 4 小時，取出後將鮪魚沖水擦乾。
2. 大火燒熱鍋子，輕抹上一層植物油，將鮪魚放入，各面煎約 5 秒至上色後取出。用刷子將芥末醬平均抹上鮪魚。
3. 將新鮮香草切碎，平均鋪在一淺碟或烤盤上，將作法 2 的鮪魚在香草上滾過，讓它平均沾黏上香草。
4. 用保鮮膜緊緊裹住鮪魚，可緊緊抓住兩邊的保鮮膜，藉桌面的力前後滾鮪魚，確保裹得夠緊。
5. 放入冰箱冷藏過夜後切成喜歡的厚度即可。享用前可在切面上撒點初榨橄欖油、鹽與胡椒。

LAWRENCE BROS. LTD
Stand E1
SELSEA

經過一番調查，發現所有廚師同事們，家裡的冰箱都跟我的一樣空，大家難得的休假日只用來做兩件事：睡覺跟洗衣服。

Letter13. 身爲廚師，爲何我們老餓肚子？

獻給倫敦東區，那群曾經餵食我的室友鄰居們。

在搬去東倫敦那間四人分居的兩層洋房前，室友與附近常互串門子的街坊們都很興奮：我們這兒要來個廚師，以後豈不是不愁吃喝了？幾乎是殺豬宰羊的設宴歡迎，想說用這來換接下來無限期的口福，也是很划算。一周後我開始在倫敦富人區的義大利餐廳工作，大家更摩拳擦掌等待新來的鄰居大顯身手，殊不知連上十四天十七小時的班後，我竟然累病了，眾人燉了一鍋雞，我一回家就倒在飯廳起不來，室友們奉湯按摩的殷勤伺候，這才隱約感覺事有蹊蹺。

後來我休長假時才會難得在家下廚，開始上班的前一天，總慎重其事將室友召來，交代後事般地託付剩下的食材：「這雞肉不能再放，明天就把它吃了吧，番茄跟蘿蔔能做沙拉，這禮拜你配著燉肉一起吃，千萬別忘了。」因爲一上班，就是早出晚歸一周不見天日，天還沒亮就出門，回家時室友都睡上兩輪了。經過一番調查，發現所有廚師同事們，家裡的冰箱都跟我的一樣空，大家難得的休假日只用來做兩件事：睡覺跟洗衣服（上班日每天凌晨一兩點回家，你眞的不會有時間洗衣服，於是積了那一大籃的髒衣服，只能用休假日睡飽後的時間洗，一天通常也這麼過去了）。我的那一大票鄰居全都餵食過我，終於覺悟與廚師爲鄰代表了開啓美食之路，原來是個誤解。

就像很多人以爲，在餐廳工作代表每天都能吃香喝辣一樣。餐廳的員工餐由廚師負責，吃得好不好，跟餐廳的排班制度、員工福利等習習相關，廚房工作壓力大、負荷重，若你連出餐用的備料都來不及準備，哪來時間與閒情逸致做飯給全餐廳的同事吃？所以常常出現在員工餐的食物，不是前一天舊麵包做成的三明治，就是奶油義大利麵（除了奶油外沒有其他配料），最好的情況是剩食材做成的燉飯。一開始時，看同事撿客人吃剩的食物吃，總覺得噁心、有失人性尊嚴（更別提食物衛生），一個月後，我面不改色加入禿鷹行列，貪婪地圍上去，撿食未吃完的魚肉、炸櫛瓜，吃得津津有味。原因無它：員工餐好爛，我們好餓！

當然也偶有意外，羅馬來的馬戴歐最近認識了新對象，每天喜孜孜地來上班，那天神清氣爽地提早結束備料，發表了一番：「身爲廚師，自己若是吃不好，便無資格做菜給他人吃。」之類充滿抱負的言論，拉著我一起準備員工餐，彼時我正滿身麵粉，埋首在做各種不同形狀的麵餃。我們拿了當天現做的麵包，悉心塗上自製抹醬，還不嫌煩地做了一堆烤茄子卷，那天餐廳經理高興得拉著我跳舞，出餐時大夥兒士氣大增。

深受此事啓發，隔天放假我立刻做了幾道菜回饋室友鄰居，包括那道被客人吃剩兩口後送回廚房，立刻被我們搶食光的鹽焗魚，大家看我平時工時長，假日還不忘做菜請客，大樂，更任我在少有的自由時光耍賴討食吃，暗暗希望他們的廚師鄰居能在下次的長假知恩圖報，好好施展廚藝。

SALMON
£20·00 EACH
Sjøfarm
BEST LARGE SALMON
£40·00 EACH

這道菜賣相不佳，卻簡單美味，鹽外殼的作用不在調味，而是保護作用，封住鮮美肉汁。帶著鹽殼的魚上桌後總能引得食客掌聲，上桌後再將鹽殼用刀劃開即可。

第 13 道 / 知恩圖報，餵食他人：香味四溢義式鹽焗魚
Branzino in Crosta di Sale

材料：1 條魚，約 800g、黃檸檬 1 顆、新鮮迷迭香 2 枝、百里香 2 枝、1 顆檸檬皮屑、大蒜 1 顆，適量鹽、胡椒為魚內部調味

鹽外殼材料：粗鹽 1kg、細鹽 500g、蛋白 3 顆

作法：較經典的作法是用鱸魚，但你可去魚販那選一條喜歡的魚，請老闆幫忙取出內臟，將新鮮香料切碎、檸檬切片、大蒜切碎，填入魚肚中，撒上適量鹽、胡椒。

鹽外殼作法：

a. 傳統的義大利家庭作法，是將蛋白打散後混入粗、細鹽，在烤盤上鋪上一層約 1.5 公分厚的混料，將魚放上後，再將混料平均沾裹上整條魚，再放入 180℃ 預熱過的烤箱，烤約 25 分鐘。要知道魚是否熟了，可將叉子插入魚中，若叉子是熱的、並無沾黏，表示已熟。

b. 現在許多餐廳則將蛋白與少許鹽打至快發後，邊混入其餘鹽巴打發，再用抹刀將此混料抹上魚後，入烤箱烤。有一派說法是，此作法與作法 a 相比，鹽外殼的孔隙較小，能達到更好的悶烤效果。

「他媽的狗娘養的，誰叫你半夜三更跑來吃飯！沒熟的燉飯？你在哪裡吃過燉飯是軟的？他媽的神經病。」

Letter14.
超完美惹毛廚師教戰守則

我們餐廳有本VIP名冊，上面記載著有名有錢的常客名單，細心列出每個人的大頭照、姓名與上榜原因，如：老闆的妹妹、NBA球星、好萊塢明星、某英國受封爵士……這名冊不僅是把幾張A4紙黏在一起了事，230磅紙彩色印刷，鄭重加上封面：xxx餐廳重要VIP，其作用當然是讓餐廳外場指認用，好讓他們在點單上標注加大紅字「VIP」，經理再一身香水味跑來廚房威脅警告：這是某足球隊老闆，這桌的菜要非・常・完・美。

這本名冊於是被我們內場廚師戲稱爲討厭鬼名冊，因爲這些超級重要人物代表著會在最後點餐的前五分鐘出現，點需耗時四十分鐘的全熟佛羅倫斯大牛排（在此我們暫不討論點全熟大牛排的合法性）、或點一盤七十二個月陳年帕瑪森起士燉飯，再因爲燉飯「沒煮熟」，而退回廚房來。

此時已是半夜十一點四十分，1.2公斤重的帶骨大牛排已在烤架上滋滋作響，我們一邊收拾檯面，邊祈禱VIP客人不要再加點任何食物，餐廳經理將被退回的燉飯端回廚房，跟主廚竊竊私語，負責燉飯的希薇亞剛煮完這盤燉飯時我們全都有試吃，那眞是老天送給我們最美的禮物，經過六年陳年的起士濃郁的鹹香，軟硬適度的米心，剛起鍋時仍是義大利人描述完美燉飯該有的「如海浪般」的質地，我們同心讚嘆，那眞是一個廚師能煮出最棒的燉飯了。希薇亞此時備料都收到一半，開始大飆髒話，咒罵客人是個不識貨的渾帳。

「夠了希薇亞！」主廚咆哮。「叫妳重做就快重新出一份，妳抱怨個屁！」

希薇亞委屈地重新熱鍋，此時卻一陣鍋盤砸地的聲音，原來主廚唸完希薇亞，自己開始摔東西罵起客人來：「他媽的狗娘養的，誰叫你半夜三更跑來吃飯，沒熟的燉飯？你在哪裡吃過燉飯是軟的？他媽的神經病。」

這只不過是廚房生活中正常不過的情景，要惹毛廚師也不是多難的事，但若想要聽廚師在廚房裡搥桌頓足，以下幾點不妨一試：

1. 在一間稍微道地的義大利餐廳點肉丸義大利麵，並堅持：「這明明是道地義大利菜，你們怎麼會沒有？」——在義大利並不存在肉丸義大利麵，對義大利人來說，肉丸跟義大利麵是不可能湊成一塊兒的。

2. 在最後點餐前幾分鐘進餐廳，並把最費時的幾道菜點過一輪。

3. 點一道酪梨雞肉羊奶起士番茄沙拉，卻說不喜歡番茄，並要求不放酪梨、也不放羊奶起士，然後問雞肉能否換成別種肉。

4. 熱呼呼的菜送上桌後，一邊跟朋友聊天、一邊花十分鐘拍照，再質問廚師為何送冷菜給你吃。

燉飯是義大利菜的基礎之一，卻也是我在義大利廚房中最費心學的菜色，就跟我們的蛋炒飯那樣，誰都能炒上一盤，但能否做出準確的質地；也就是義大利人口中說的 all'onda，像海浪般的樣貌；則一點都不簡單。於是世界各地都能看到四不像版本的燉飯，不是貌似一湖死水躺在盤中就是乾到讓人胃口缺缺。從小吃燉飯長大的義大利廚師們，則是戰戰兢兢在看待他們的 comfort food，光是一道最原味的起士燉飯，都能花上 6 頁的篇幅仔細交代。

燉飯跟 pasta 對義大利人來說，是跟太陽一樣重要的存在。為了讓我做出能讓他們讚賞的燉飯跟麵，從主廚到洗碗工，都意見紛紛地教了我一堆方法，直到有一天他們走來，說：「我今天很想家做盤飯給我吃。」我就知道我會做了。

這道滋味純厚的燉飯，是他們童年生病時，媽媽會做的一道菜。無論何時我身體稍有不適，同事們總會說：做燉飯吃吧，然後加上很多很多的帕瑪森！無論有誰生病時，也都會跑來討一盤帕瑪森起士燉飯，因為那讓他們「想起媽媽的味道」。

第 14 道 / 廚師專業的底限：「搖起來像浪」帕瑪森起士燉飯 Risotto alla Parmigiana

材料（4 人份）：
洋蔥半顆、燉飯專用 carnaroli 義大利米 280g、帕瑪森起士、2 公升雞或蔬菜高湯、奶油、100ml 白酒、鹽、胡椒

作法：
1. 洋蔥切細，將少許奶油放入厚底熱鍋中，奶油融化後加入洋蔥，小火慢煮約 5 分鐘，直到洋蔥軟透，釋放甜味。洋蔥在燉飯裡的功能是味道，務必要切細切勻，成品時不應該吃得到洋蔥的口感。
2. 將奶油約 70g 切成小塊、帕瑪森起士刨絲冰入冰箱備用。
3. 將火轉成中火，將米放入鍋中與洋蔥拌炒，切勿烘烤過頭。
4. 入白酒後持續攪拌，直到酒氣揮發，鍋中液體燒至快乾。聞一下沒有酒氣才能進行下一步驟，免得成品帶有苦味。
5. 另開一爐將高湯熱滾，再用勺子將高湯一杓杓倒入作法 3 中，持續攪拌。高湯高度稍微淹過米即可，直到被米粒吸收、再加入高湯、持續攪拌。期間高湯要持續在另一爐上加熱，不可用冷高湯煮燉飯。
6. 大約 15 分鐘後可一邊試吃熟度，煮到差不多的熟度後，開始注意燉飯中的高湯量，讓它保持稍微潮濕濃稠、不太湯水的稠度。記得關火後米仍持續烹煮，所以小心別把米煮爛囉。
7. 關火，將預先準備好的奶油與起士刨絲拌入燉飯中，使盡全力攪拌，讓奶油乳化，形成濕潤油亮的質地，一盤標準的燉飯，搖起來應有「像海浪般能適度搖動」的樣貌。

那時我才大夢初醒，自己不過是異鄉中一顆路過的沙。

Letter 15.
愛莉絲夢遊廚房

跟義大利同事吵架大吼哭鬧整晚之後，我們在餐廳吧台前坐下，「我八月去西西里好嗎？」「我們西西里八月熱得跟非洲一樣，妳六月去吧。」「那你別氣了好嗎？」「妳才別氣了，而且不要老惹我生氣。」就這樣我們和好了。　　　　　　　　　　　　　______________ 五月十三日

一樣米養百樣人，你無法一語道盡一個國家人民的個性，但經過我長期觀察，義大利人的民族性，可以很偏頗地，如此分析：他們熱愛表達意見，更愛用手表達意見；情緒起伏之劇烈，人人都有如一座行動劇場，每天都是一齣新上演的劇目。偏偏我本人也是走這種路數，於是跟他們一起工作的日子，每天都能歷經喜怒哀樂三溫暖，彷彿日子裡除了咖啡、酒精與做菜給客人吃外，就是歡樂得啦啦哼起歌來，或氣得青筋直爆。你們可能昨天捶桌互罵，隔天見面又沒事一樣，站著把早晨那杯濃縮咖啡一飲而盡，再並肩進廚房熬高湯。

有人說，在義大利，100 人中只會有 1 個不愛足球，在我認識的上百個義大利人中，認眞算來大概有兩位會嚴正聲明自己不愛足球，即使如此，足球開踢時他們也是滿腔熱血地在看。歐洲冠軍聯賽時，這種對足球的狂熱，在滿是義大利人的廚房裡，熊熊燃燒著。平常超會遲到的同事們竟意外地一個個提早出現，平常早晨大家總要黑著眼圈，拉著你不停叨念昨晚下班後趕車回家的經過，或今天來時地鐵又如何誤點，一些蒜皮小事在他們口裡，總如頭條新聞般慎重其事。今天則是在例行的頰吻招呼後，「啾啾，早安，我要上工了。」轉身就走，留下錯愕的我。

早上晨報時，主廚也一臉心不在焉，只說：「今晚有 70 人訂位，大家好好幹。」70 人訂位對只有 25 個座位數的精緻餐廳來說，是驚濤駭浪般的大仗，平常他總要黑著臉耳提面命，要脅我們好好準備，今天是怎麼了？

晚餐時間謎底揭曉。主廚難掩興奮地架了手機在傳菜台上，同事們也各自找到適當位置藏著手機，出菜空檔整個廚房安靜地異常，大家都看得出神，不時同時爆出：vaffanculo!（各位只要知道這是義大利文常用的不雅用語即可）或歡呼，我送菜上前時，主廚味道也不嚐，油也不淋了，雙眼直視螢幕，用他的鬢角指示：妳來完成這盤，就這麼送上吧。

大家集體浸淫在一種國族性的同仇敵愾中，我像個隱形之人在廚房這頭飄進飄出，這種時候，身處陌生環境的異世感輕微襲來，我感覺自己如掉入異境的愛莉絲，這裡的人們講著奇妙的語言（彈舌，不存在「喝」音，節奏分明），我無法明白自己是如何駕馭另一種語言？又怎麼能消化他們的細碎言語？而我的存在對他們來說也是夠奇異的，一個黑髮、自稱來自台灣（泰國？），卻說得一口義大利髒話的女生（正經的社交用語倒不是很會），有時候他們會忘記我自哪來，忽略我的黑髮杏仁眼，將我視爲他們的一份子，因爲這個來路不明的女孩，不僅會講他們的語言，懂得做他們的菜，用單手甩鍋炒麵，吃飯時會用麵包把盤底的油沾個精光！但語言文化的溝之宏大，哪是一個從食譜用語開始學起的人，所能跨越的？譬如說，他們從小聽到大的，那首帕華洛帝的〈Mamma〉（媽媽），那首能治癒思鄉之情、讚頌對母親之愛的歌，當廚房一角有人輕輕哼起，四處總傳來應和：

Mamma son tanto felice
Perché ritorno da te.
Mamma solo per te
La mia canzone vola.

媽媽 我充滿喜悅 因爲我正回到妳身邊
媽媽 我的歌謠只爲了妳 起舞

那時我才大夢初醒，自己不過是異鄉中一顆路過的沙。那夜他們歡欣鼓舞的唱著勝利的旋律，我在零度的夜色中走路回家，哼著那首誰唱過的〈天黑黑〉。

第 15 道 / 療癒思鄉病：烤帕瑪森炸茄子 Melanzane alla Parmigiana

這是一道義大利家家戶戶都會做，但版本也視區域不同而相異的菜色。我們很少在高級餐廳出這道菜，因為擔心它過於家常「上不了檯面」，但不時會出現在員工菜裡，大家不知道做什麼來吃時，那道家裡餐桌上經常出現的經典美味，就這麼浮現腦海，端上桌了。

材料（6 人份）：
2 個圓茄、250g 披薩用摩扎瑞拉起士（mozzarella）、80g 帕瑪森起士（parmigiano）、適量羅勒葉、半個洋蔥、600g 原味番茄泥（Pomodoro passata）、鹽、胡椒、橄欖油、油炸油、大蒜

作法：
1. 茄子切成約半公分的薄片，上面撒鹽後壓上重物，放置一旁約 1 小時。去掉苦水後用紙巾擦乾備用。
2. 番茄醬汁：洋蔥切碎，熱鍋小火入橄欖油，放入拍碎的整顆蒜與洋蔥，慢煮 5 分鐘後，將大蒜取出、倒入番茄泥與適量羅勒葉，續煮 15 ～ 20 分鐘。
3. 將處理好的茄子片分批入鍋油炸，起鍋後放在鋪了廚房用紙巾上瀝油備用。
4. 將摩扎瑞拉起士切片、帕瑪森起士刨粉後，便可開始「組裝」，取長寬約 24*15cm 的烤盤，第一層先薄薄抹上一層番茄醬汁後，開始以「番茄醬汁、茄子片、摩扎瑞拉起士、帕瑪森起士粉」的順序堆疊，一般重複三次。
5. 放入 180° C 預熱的烤箱約 30 分鐘便完成。

ELEPHANT & CASTLE
STAND BACK TRAIN APPROACHING
EMBANKMENT

我心不甘情不願地被同事拖出廚房戰場（廚房衛生！），一邊吼著：我愛工作、讓我工作，一邊交代新人某道菜上不要忘了最後淋點檸檬。

Letter 16.
斷指驚魂

一口飲盡今天第一杯咖啡後，我挽袖準備處理早上從魚市送來的兩箱活龍蝦，不知道牠們是否知道死期將近，個個手舞足蹈，直直瞪著我。爲表示敬意，在斷送牠們性命前，我總習慣將牠們命名（通常使用主廚名字），並邀約一旁坦露半胸，一邊哼歌、一邊用口布擦盤子的義大利女外場，一同見證牠們的神聖死亡，再將牠們從頭到尾剖半、清洗內臟、並將鉗子用刀背稍微敲開，放入真空包裝袋中備用。謝謝強尼，謝謝卡羅，僅以此餐廳全體員工與客人對您們的犧牲致上謝意。

人事小姐跑來找我替新的指紋打卡系統建檔時，我正清理滿桌的水漬蝦膏蝦殼碎屑。我們在機器前耗了十五分鐘，卻找不到任何能辨識的指頭，它們不是太髒，就是滿是傷痕，人事小姐一臉妳少浪費老娘時間的表情：「Chef，請問妳有沒有一隻指頭是沒有受傷的？」早已經歷此番折騰的同事們，拿著酒精對著我的手指猛噴，七嘴八舌地表達意見。除了早就沒有在下廚的行政主廚，哪一個舞鍋弄刀的人不是這樣呢？鍋中濺出的油可不會好心先跟你商量，它跟倫敦地鐵一樣難以捉摸啊。尤其在你連續四天工作十七小時，同時有30樣備料等著你處理，身處的廚房又如此亂哄哄時；同事A跑來跟你借刀，B同事從攝氏四百度烤爐中端烤盤經過時踩了你一腳，點單又喋喋不休從點單機口中吐出……。晚上睡前雖總試著在滿目瘡痍的手上敷藥，但割傷、燙傷跟熱出的疹子早就混成一氣，無從處理了。

那天三個同事同時臨時請假，人力大缺，負責前菜區的又是個新人，我只好放下手邊備料，一邊示範擺盤，一邊幫他消化點單：起士沙拉，用不同烹調方式呈現各種蔬菜特性的前菜，以特製起士調醬點綴風味，最後再刨入冷凍過的羊奶起士，完成。好死不死菜鳥同事此時要我轉頭檢查他的擺盤、英國同事又不小心撞了我一下，手一滑，被刨刀冷酷無情刨過的指尖開始鮮血直流，我下意識抓起紙巾包裹手指，想繼續工作，傷口卻以追殺比爾的架式猛地往外噴發，接下來的一切像被快轉的影片：我心不甘情不願地被同事拖出廚房戰場（廚房衛生！），一邊吼著：「我愛工作、讓我工作」，一邊交代新人某道菜上不要忘了最後淋點檸檬。

混亂中不知怎麼地，那道起士沙拉竟被不知情的同事放上傳菜台，隨時都在哼歌的美豔義大利女服務生，就這麼風情萬種地托起它往外走。此時在廚房備料區等待血停的我，卻發現那傷口不只有道傷痕，指尖肉與一小塊指甲，竟也消失無蹤，似乎也隨著羊奶起士一塊兒高高被刨起，再開心地混入甜菜根的鮮紅甜美汁液中。

第 16 道 / 控制過大的火氣：義式檸檬冰沙
Granita al Limone

這是不需要冰沙機的家庭版簡易作法，使用黃檸檬可降低酸度，清涼又好吃。

材料：黃檸檬汁 500ml、水 500ml、砂糖 200g、薄荷少許

作法：

1. 水與糖放入鍋中中火煮至糖融化，中途不要攪拌它。融化後繼續煮至糖漿呈現不太明顯的淡黃色，熄火後放入適量新鮮薄荷，蓋上鍋蓋，約 30 分鐘後取出。
2. 將檸檬切半擠汁後，加入已放涼的作法 1 中，攪拌均勻。
3. 將作法 2 放入加蓋保鮮盒中放進冰庫，半小時後取出用叉子將冰結晶弄破，之後每半小時要取出用叉子將冰沙徹底攪拌，至少重複 3 ～ 4 次，直到冰沙呈現鬆軟狀即可。

連續假期的周六晚上，我們面臨前所未有的混亂餐期：所有訂位客人竟都在同時間抵達，這邊有 20 人聚會，菜單還是今早才確定！那邊則是兩桌 VIP，這群撒旦派來的使者把所有最費時的菜都叫過一輪。

Letter 17.
來，請走進冰箱

離職前，同事將他用了六年的小刀送我作臨別禮物。畢竟這麼長的時間來，就我最不要臉，動不動就找他借來用，估計是看我對那刀的依戀異於常人，乾脆送我，免得之後夜長夢多。去了新餐廳後，同事們做什麼細活都討它來用，用完還不還，有時候 A 借去用，最後卻問了三個人才從 E 手上討回來，還把它弄歪了！過去四個月我因此掉了三把刀、兩支削皮刀，再花錢買刀，飯都不用吃了。氣得我索性把它放工作褲後口袋，每天拎著跑。後口袋本來就有老住戶：隨身記食譜的硬皮筆記本，弄得我行囊累贅，有時候上班拿到不合尺寸的褲子，得在廚房裡跳著步走路，免得掉褲子。

在忙碌的廚房裡，與同事們朝夕相處，私人時間實在稀有，長久下來，每個稍有規模的餐廳都會有的走入式冰箱（walk-in fridge），變成喘口氣的最佳場所，我最喜歡在備料提早結束時，自告奮勇去整理冰箱，檢查菜葉、認識新食材、跟香草盆栽說說話（哎呀你今天看起來好有元氣，香味比平常還迷人哪），怎樣都比在外面聽大家問候彼此媽媽開心吧？（喔，X你娘的，不要亂拿我東西！）一邊分類食材，不時會有同事紅著眼眶衝進來，剛剛大概是挨罵，進來偷哭的；或是甜點師傅來拿材料，順便塞兩個馬卡龍給我；有時候是主廚揪著新人進來教訓……儼然是廚房生態的縮影。我對它於是產生眷戀，早上第一件事就是去向它道聲早，半夜收工時也拎著掃把去探望它。

連續假期的周六晚上，我們面臨前所未有的混亂餐期：所有訂位客人竟都在同時間抵達，這邊有20人聚會，菜單還是今早才確定！那邊則是兩桌VIP，這群撒旦派來的使者把所有最費時的菜都叫過一輪；此時散客來個不停也罷，新來的服務生也像密謀共犯那樣，不斷送錯菜、搞錯點單，一道烤春雞我重複做了三次！結束大亂鬥時已經午夜過二十分鐘，我們精疲力盡卻又精神亢奮地清潔，準備收工。我因爲檯面太滿，把中午才花時間煎烤、煙燻後，再細細切片並分裝好的鴨胸，暫放在身後馬可的檯面上，才一轉身的時間，卻發現鴨胸早已不見蹤影，原來他在清空冰箱時，把不要的備料全堆在工作檯上，看到不是他管理範圍的鴨胸，竟也不多想，一併送給廚房助理丟掉了，我找到它們時，它們已淒楚地躺在肉汁跟胡蘿蔔碎中。

自己的備料要放別人的區域管區，被丟掉也不能怨誰，那鴨胸製作費時、明天供貨商休假，表示餐廳的熱門菜，要開兩天天窗……我滿腔怒火無處排解，抓了海綿跟肥皂水就衝去冰箱刷地，主廚追進來問事情原委，我眼帶血絲、霹靂啪啦把自己跟馬可都罵一頓，本來以爲糟蹋貴食材會挨罵，每想到他似乎被我難得發飆的樣子嚇得縮了一下，結巴地說：「好，明天鴨胸 86（註），我會交代下去。那麼……好，嗯……晚安。」然後頭也不回地溜走了。我則繼續把冰箱地板刷到晶亮才心滿意足地回家。

註：86 爲餐廳廚房用語，表示某樣食材或菜用完、沒貨了。

第 17 道 / 苦悶時請走進冰箱散心：鴨肉醬義大利麵 Tagliatelle al Ragù d'anatra

材料（2 人份）：
蔬菜底：新鮮百里香、新鮮巴西里、西洋芹 1 根、紅蘿蔔半條、洋蔥半顆（3 樣總重約 100g）、大蒜 1 顆，以上食材皆切碎備用。
帶皮鴨胸肉 260g 切成約 1cm 小塊、去皮番茄罐頭 (Pomodoro Pelati)300 克切小塊（或原味番茄泥 Passata di pomodoro）、半杯紅酒、月桂葉 1 片、蔬菜高湯、鹽、黑胡椒、橄欖油、新鮮義大利麵 240g（若使用乾燥義大利麵則減為 200g）

作法：
1. 將蔬菜底與整片月桂葉放入油鍋煮至軟化後，放入鴨肉拌炒到上色，開大火並加入紅酒煮至酒精揮發，倒入番茄罐頭煮滾後轉小火蓋鍋蓋煮約 1 個半小時，途中若汁液收乾可加入高湯，煮至鴨肉軟化、與蔬菜底融為一體。
2. 麵煮好後連帶一些煮麵水一起放入作法 1，攪拌、讓麵條吸收醬汁，上桌前可刨上帕瑪森起士。

義大利麵煮法可參考：letter5〈想拿到義大利護照，先學會甩鍋〉，頁數 p.56。

廚房戰場不如情場，他們教妳堅強、再堅強，讓妳穿上臃腫的白制服，厚重的棉黑長褲，頭髮用網帽圈住、盤在長相怪異的廚帽下，禁止塗上指甲油、戴耳環，絕對性的消滅性別界線。

Letter 18.

妳想出頭，就得在廚房裡當個 bitch

男人在離開時，曾說：「妳該學著示弱，我們男人喜歡脆弱點的女人。」

廚房戰場不如情場，他們教妳堅強、再堅強，讓妳穿上臃腫的白制服，厚重的棉黑長褲，頭髮用網帽圈住、盤在長相怪異的廚帽下，禁止塗上指甲油、戴耳環，絕對性的消滅性別界線。心上人來探班時，我總彆扭地將盤久僵硬的長髮用油膩的手指梳過，對自己身上的煙燻味感到些許尷尬。

即便如此，我 168 公分，剛進那個廚房時體重大約是 48 公斤，過肩的長髮即使緊緊扎起，轉身之間總還不小心掃到身後同事。在那汗水淋漓，處處刺青的肌肉漢子中間，我的存在還眞是娘得不像話。在廚師制服保護下，聲音跟身形仍頻頻漏餡，我將菜送出前呼喚外場人員的那聲「service」，總換來無數個怪腔怪調僞女聲的模仿。大家爲了找樂子，開始躲在我工作檯下，拿活龍蝦搞怪嚇人，或把工作鞋抽眞空藏起來，有段時間，爲了融入這男性賀爾蒙充斥的奇異生態，我各種語言的髒話越講越順，暢快掌握廚師入門技能 101：每一句話裡要有技巧鑲入 5 個髒字，適時掌握說髒話的時機，能換得一定程度的尊敬，如：「幹，你他媽的要佔用那天殺的機器多久？操！」

那天，我奮力攪拌著三公斤的玉米粥（polenta），那是需要站在鍋前不斷攪拌的食物，由於吸收了水分，烹煮過程中還見鬼地越來越重，主廚正閒著沒事幹，經過我面前，問：「要不要我幫忙呀？這很重的。」我一臉肅然，秀出手臂上若有似無的肌肉，對他搖搖頭。他則一臉雀躍：「這就是爲什麼我們開始雇用更多的女廚師，他媽的我們廚房裡的男生一個比一個還 pussy ！」不知道他知不知道，要在廚房生存，我們女廚師得假裝多少事，才能呈現「好像比男人強壯」的假象。

在感情世界裡，他們說，妳要假裝脆弱，男人才能更疼妳。但我說過了，廚房戰場不如情場，女生在廚房，首先要克服生理問題，一天十六小時以上的工時（不要跟我說，可是我坐辦公室工作也常常一做十六小時，相信我，那並不一樣），妳必須天天很健壯，時時呈現完美狀態。一個月內總有幾天，妳苦吞無數止痛藥，身處被地獄烈火狠狠燒過的炙熱廚房，下半身的濕熱感不知來自汗水亦或經血，還是得抬裝了滾燙熱水的巨大湯鍋、不動聲色地分解堆成山一般的各種動物屍體。曾在英國名廚 Gordon Ramsay 的三星餐廳，擔任數年主廚的 Clare Smyth 說，她在剛起步的好多年，除了要應付以雄性激素主導的廚房裡，各種身心壓力，還得證明自己「雖然是個女性，但仍能在這生存。」我們在廚房裡看到她，會嚇得屁滾尿流，說：「靠，她眞是個臉死臭的婊子！」但回頭一想，這世上似乎沒有不兇、不機車的主廚。

我曾經被開玩笑、被不認眞看待（「我就是不能信任女人站在灶爐邊！妳還是退下吧！」）、被語言暴力相對、被吃豆腐，所有最極端的情緒，都是在專業廚房裡經歷的。在不知所措時，南非籍的洗碗工教我：妳要忍耐、再忍耐，把腰彎得更低一點，拼命做就對了。然而我在那些成功爬上頂端的女廚師身上學到，在不示弱跟逞強、機車與有原則間，都有著微妙的界線，過去的那些老同事，不少人現在已在世界角落裡獨當一面，她們分享能爬上頂端的秘訣，總不約而同地說：因爲我決定不再當個濫好人，要往上爬，就得學會當個婊子！

而我在經過種種自我衝突，掙扎地在廚房中找到能立足的生存姿態後，受困在白制服與黑廚師帽下的女性靈魂，終於蠢蠢欲動。受不了那種說一即一的體制壓抑，開始在合理範圍內，伸張自主權：在廚師褲下穿上色彩鮮豔的襪子，天熱時便偷偷把褲腳捲起，微微露出繽紛襪頭，他們起初笑著：「這娘兒們！」一周後從主廚開始，所有人都學著我把褲管微微捲起、露出裡頭顏色爭豔的襪子。我將之視爲一次小小革命的成功。

第 18 道 / 找到微妙的界限：男子漢黑胡椒淡菜
Impepata di Cozze

這道拿波里菜可當前菜、也可煮上一大鍋，配烤麵包片當主菜吃。無論何時，看到有人做這道菜，都讓我產生「好有男子氣概啊」之感。畢竟它作法簡單，刷洗、「去毛」地一陣喧嘩清洗淡菜後，再率性地一股腦兒丟下鍋。強勁的黑胡椒，跟帶了一身海味的淡菜在鍋中對舞，有些食譜中甚至連巴西里都不加，我則喜歡它替這道男子菜帶來的一絲溫柔。

這道菜的作法簡單又快速，但請暫且忘記你直覺會加的任何食材，什麼白酒啦、鮮奶油啦，通通都省了，唯一需要注意的是清洗淡菜的方法。

材料：

大蒜 1 顆、橄欖油、黑胡椒、淡菜、平葉巴西里

作法：

1. 清洗淡菜：在流動的水下， 一手拿淡菜、另一隻手用乾毛巾順著淡菜閉合的連接點，將它的足絲扯開，如此便能去除它的「鬍子」而不將它殺死（反向拉扯則會把淡菜肉也扯斷）。接著在流動的水下，用廚房用鋼刷去除淡菜外皮的沙與附著物。切記丟掉已打開或有破損的淡菜。
2. 在油鍋中放入拍碎的大蒜，加入淡菜與大量的黑胡椒後蓋上鍋蓋（連白酒都省了，因為據當地人的說法，白酒的味道會破壞淡菜與黑胡椒的單純關係），等淡菜都開後，撒上切碎的平葉巴西里，完成。可將麵包切片後，淋上橄欖油放入烤箱，再用切半的蒜頭抹在麵包上增添香氣，便可搭配淡菜一起食用。

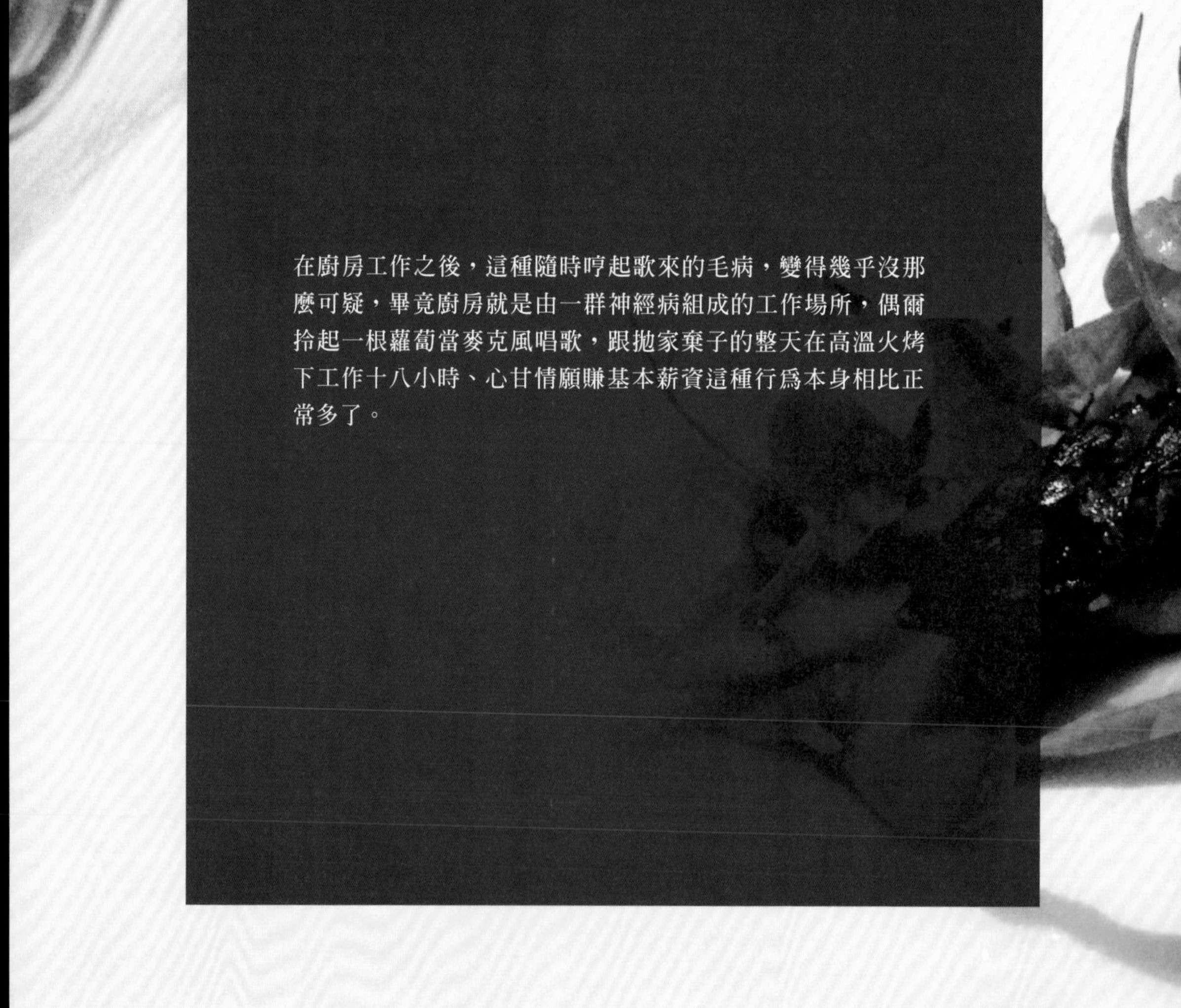

在廚房工作之後，這種隨時哼起歌來的毛病，變得幾乎沒那麼可疑，畢竟廚房就是由一群神經病組成的工作場所，偶爾拎起一根蘿蔔當麥克風唱歌，跟拋家棄子的整天在高溫火烤下工作十八小時、心甘情願賺基本薪資這種行爲本身相比正常多了。

Letter19.
食物生產線上的搖滾明星

我歌喉平凡，但任何時候都信手拈來小段歌詞，荒腔走板地哼唱，套句好友說的話：惹人厭！小時候尤其喜歡抓枝筆、假裝自己是搖滾明星，扯著喉嚨忘情大唱。在廚房工作之後，這種隨時哼起歌來的毛病，變得幾乎沒那麼可疑，畢竟廚房就是由一群神經病組成的工作場所，偶爾拎起一根蘿蔔當麥克風唱歌，跟拋家棄子地整天在高溫火烤下工作十八小時、心甘情願賺基本薪資這種行爲本身相比正常多了。

在我們以一種集體性高潮的姿態崇拜名廚，把主廚當成搖滾明星那樣呼喊之時，先別忘記一個廚房的運行，理當跟一部電影及一個工廠一樣精密而準確，一個廚房也許能偶爾沒有主廚，卻不能少了「生產線」上的螺絲釘子，而每一個生產線，則是由各種更小的元素組成。要讓大家進一步理解廚師的工作，我認爲應該要寫一些比較基本的細節，譬如，一個廚師的一天，究竟是如何度過？那是由謹慎規劃細節累積而來的。以一天十八小時來說，中午的兩個小時與晚餐時間的三到四個小時，是眞正的轟轟烈烈、奮勇殺敵，其他的十二小時，比較是組織能力與耐力的考驗。

簡單來說，就是你該塡滿你他媽的負責區域的冰箱。

如果說主廚是在畫上落款簽名的那個人，線上廚師的工作，就是要提供他完成那幅畫的水墨。於是一個10坪不到的廚房，可能會分成前菜、主菜、麵食、配料區域，前菜的人除了負責沙拉冷食，有時還得提供每道主菜上裝飾的菜葉，所以他負責區域的冰箱裡，就會出現30個盒子，裡面裝滿各種搭配不同菜色的花草；配干貝的那盒裡，有削成薄片的白花椰菜、幾種味道相襯的野草，配兔肉的那盒裡則小心疊放著龍蒿葉、三色菫。

主菜類廚師，就是各種重量、形狀相同的肉類、海鮮，而配料區的負責廚師，人生可就精彩了，從馬鈴薯泥、potato fondant，到紅酒濃縮醬汁、青豆泥、各種搭配主菜的燉菜、炒菠菜都由他管，切菜煮醬忙得慌。在出餐前，將負責區域的冰箱門打開，裡面應該有排列整齊的備料，每個盒子井然有序地按照出餐習慣排列。而這代表著，你從早上第一杯咖啡之後，就開始切菜、洗菜、分切肉、預煮肉。或是從頭開始滾上一鍋高湯。而切菜也不是大刀闊斧了事，在盤上的菜葉，除了味道要與整體菜色搭配，有時也是裝飾的一種，於是便得用量尺啦，剪刀啦細細修剪。一樣形狀的葉子這麼一整頓就是100片，有得你折騰！爲了對付手腳不俐落又慢拖啦嘰的菜鳥，副主廚會差人拿錶在旁計時，喀嚓喀嚓地剪，兩秒得完成一個。

在米其林星級的餐廳廚房裡，講究擺盤技巧，連食用花草該如何巧妙地擺飾在盤子上都會教導你:讓它們像秋天的葉子那般自然地散落,副主廚說，凌亂不羈又自成風格，像秋天來臨了那樣。於是每次在擺飾那盤菜時，我內心總會悄悄哼起〈Autumn Leaves〉：When autumn leaves start to fall……，腦中毫無緣由地響起椎名林檎分岔曖昧的嗓音，想像秋風吹起，送走即將遠行的情人，紅酸模葉（Red sorrel）四處散落盤上……紅色的哀傷（sorrow），連名字都那麼有詩意。一邊思念著我幻想中遠行的愛人（與中午忙到無緣吃到的員工午餐），簡直悲壯地想掉淚。

而這些零碎的音節，總在等待出餐時被哼唱成曲。點單機吐單的前奏落下，主廚：「點單：一個干貝、一個鴨、兩個兔子、一個海鮮義大利麵。」干貝下鍋、鴨進煙燻爐，前菜區的廚師開始打開冰箱抽屜拿出三朵花，再屈膝取出下層冰箱裡第三層架裡的盒子。冰箱門關上，取出盒中的紅酸模葉數片。再次蹲下將盒子放回冰箱、起身，將備料一一於盤上組合、再次蹲下取物、起身、彎腰、蹲下……。麵檯的廚師將煮到七八分熟的麵撈起，丟入一旁已煮好的醬汁鍋中（早上才熬好的龍蝦頭高湯），用手使勁兒地甩鍋。

當一切靜止時，我們這才感到痠痛在全身蔓延，甩鍋的手臂，蹲上蹲下的膝蓋，久站麻痺的雙腿……。史蒂芬諾一頭棕髮被汗水浸溼，眼神發亮地說：「這眞是最接近搖滾明星的工作了，不是嗎？」我才察覺到自己的喉嚨乾啞，原來除了回應主廚喊單與同事間配合的應和，老毛病再犯，悶聲哼了三小時皇后樂團的〈We are the champions〉。

自嗨時間結束，肥皂水刷洗廚房的聲音成爲主調。明早回來披上白色制服後，我們又是一群食物生產線工人，安靜自制。

「We are the champions ……And we'll keep on fighting till the end.」

革命尚未成功，同志仍須努力。

第 19 道 / 工廠的精準與搖滾區的熱情缺一不可：秋意濃南瓜燉飯 Risotto alla Zucca

材料（4 人份）：
南瓜 1 顆、新鮮百里香少許（或乾燥奧利岡葉，但因為味道重，放時請注意下手不要太重）、奶油 20g（炒洋蔥用）、奶油 70g、洋蔥半顆、燉飯專用 carnaroli 義大利米 280 g、帕瑪森起士、2 kg 雞或蔬菜高湯、100 ml 白酒、鹽、胡椒、蜂蜜、羊奶起士（可不加）、義大利杏仁餅乾（amaretti）
* 一顆南瓜做出的南瓜泥約可做 2 ～ 3 次的 4 人份燉飯，請自行斟酌用量。

作法：
1. 將南瓜縱向切成四到六等份、去籽。留其中一等份去皮切成 1cm 小方塊備用。其他南瓜片則皮朝下放烤盤上，每片平均撒鹽、黑胡椒與 1 到 2 匙蜂蜜（視南瓜甜度）與新鮮百里香葉，在烤盤上加入一點能稍微覆蓋烤盤表面的水（勿超過南瓜皮厚度），入 180° C 烤箱烤約 30 分鐘，烤到南瓜肉熟軟即可。
2. 用湯匙將烤熟的南瓜肉刮下（或用刀子去皮），放入食物處理機打成泥（或用叉子慢慢碾碎），若太乾可加入少許高湯或水幫助攪打。成南瓜泥後備用。
3. 洋蔥切細，將少許奶油放入厚底熱鍋中，奶油融化後加入洋蔥，小火慢煮約 5 分鐘，直到洋蔥軟透，釋放甜味。洋蔥在燉飯裡的功能是味道，務必要切細切勻，成品時不應該吃得到洋蔥的口感。
4. 將奶油約 70 g 切成小塊、帕瑪森起士刨絲冰入冰箱備用。
5. 將火轉成中火，將米放入鍋中與洋蔥拌炒，切勿烘烤過頭。
6. 入白酒後持續攪拌，直到酒氣揮發，鍋中液體燒至快乾。聞一下沒有酒氣才能進行下一步驟，免得成品帶有苦味。
7. 另開一爐將高湯熱滾，再用勺子將高湯一杓杓倒入作法 6 中，持續攪拌。高湯高度稍微淹過米即可，直到被米粒吸收、再加入高湯、持續攪拌，並放入作法 1 預留的南瓜肉方塊。期間高湯要持續在另一爐上加熱，不可用冷高湯煮燉飯。
8. 煮約 10 分鐘後將作法 2 分批放入一起煮，一邊試吃並視情況加鹽與胡椒調味，南瓜泥可依照個人喜好決定多寡。
9. 5 分鐘後可一邊試吃熟度，煮到差不多的熟度後，開始注意燉飯中的高湯量，讓它保持稍微潮濕濃稠、不太湯水的稠度。記得關火後米仍持續烹煮，所以小心別把米煮爛囉。
10. 關火，將預先準備好的奶油與起士刨絲拌入燉飯中，使盡全力攪拌，讓奶油乳化，形成濕潤油亮的質地，一盤標準的燉飯，搖起來應有「像海浪般能適度搖動」的樣貌。最後將軟質羊奶起士撕成小塊，連同 amaretti 撒上即可。

日本同事故意跑去英國副主廚面前告狀：「他種族歧視，你要處理一下！他說他膚色像布朗尼一樣！」我們再幸災樂禍看著白人副主廚滿臉不自在地找藉口開溜。

Letter 20.
適者生存，廚房進化論

人在極端環境下為求生存，會擺脫種種束縛，進化到無他「真我」的境界。《蒼蠅王》裡殘酷鬥爭的孩子們，《1984》主人翁最終決定出賣情人、懷抱老大哥。甚至美國監獄劇《Orange is the New Black》，甜美善良的女主角，最終學會撇開視線，不再注視他人的不幸，為爭自身溫飽頭破血流。

一切都關乎「survive」，適者生存。

然而我仍拒絕演化，在長年文化背景的惡性薰染下，仍不知彈性地偽善度日。所以才有了這段與戰友 P 的甜美羅曼史。

為維持我一貫堅持的偽善與政治正確性，必須隱藏 P 的姓名與國籍相關背景；雖然與種族歧視相關的笑話，早在廚房裡被我們玩爛了，譬如黑人同事會說：「喔你這死北韓人，沒看我膚色跟布朗尼一樣油亮嗎？」日本同事故意跑去英國副主廚面前告狀：「他種族歧視，你要處理一下！他說他膚色像布朗尼一樣！」我們再幸災樂禍看著白人副主廚滿臉不自在地找藉口開溜。

啊，話題扯遠了，說說我們那個戰友P。在國際性廚房裡工作，大家不免帶有歧見，說P之所以為P，是因為她的國籍。初見P時她真是個開朗的天使，成天大嗓門跟大夥兒說笑，天南地北什麼都聊。直到跟她並肩工作，才知大難臨頭。聽說她已在此工作一輩子，倚老賣老是強項，總是在你工作到一半，湊上前來用手玩弄你剛煮好的菜，說這質地不對，跟她做得差多了。然而你從沒見過她真正做過什麼。她總是起頭開始做，十分鐘後便消失無蹤開大差去，你為拯救負責區域的進度，得在後頭擦屁股。

跟她上班是凌遲，除了愛遲到早退、備料進度緩慢，事情還挑簡單的做，難的事不做，嘴又特別雜，說她曾被同事們選為最會料理牛肉的廚師、抱怨你處處不如她。更氣人的是，她老是在尖峰時段不見！當點單瘋狂湧入時，她總可以找各種藉口開脫：去儲物冰箱補貨、肛門括約肌撐不住得拉屎、突然想起必須去辦公室找秘書、指甲痛、頭髮病了……偏偏我闇然媚世，只能咬牙切齒接下所有點單。供餐需求漸緩下來後，P又飄回來，悠悠地說：「如何？其實也沒多忙吧？妳們這些新來的就是要多訓練，就熟悉了啦。」

好不容易上午休半天，不用與她一起上班，你也犯愁。提心吊膽祈求老天讓她大發慈悲多備料。到了交接班時間，她帶你巡視區域冰箱：該切的切好了，需要的配料也都準備齊全。「我這麼做都是為了妳，晚上訂位很滿，我可不想害妳邊備料邊出餐。」語氣驕傲如剛搭救了落水的孩子。待她一走，這才發現被騙慘了，她把簡單的、切一切就沒事的菜都備好，需要時間醃製、長時間低溫烘烤的費工煙燻牛肉，卻放它孤零零地只剩兩份，躺在冰箱裡笑諷我的好傻好天真。我曾經好奇地問資深同事，難道上頭不知道 P 偷懶卸責嗎？這是名廚旗下的餐廳，一切以公司名譽與「政治正確」為經營方針，因為種種因素，公司必須保障 P 的權益，將她趕走有違公司理念，只能睜一隻眼閉一隻眼任她隨心所欲。

餐廳有道將各種肉與蔬菜煮過後打成肉泥，一顆顆鑲入橄欖中再去油炸的下酒菜，吃起來過癮，一次要製作上百顆時卻耗時惱人。托 P 不喜麻煩的福，我訓練有素到四十分鐘能鑲完所有內餡，還有時間裹粉準備隨時入鍋油炸。那是個星期六的下午，P 突然大發慈悲決定扛下這道菜的備料工作，老僧入定似地站在本區唯一的出風口下，氣定神閒地填起橄欖。供餐時間開始，她藉口還沒備完橄欖，要我與另一位同事負責出餐，而她站的風口正是此區的中心點，我們請她移步去備料廚房工作她也不肯：「這裡涼快嘛。」一臉理所當然。邊慢吞吞地填那該死的橄欖。

晚間八點半，周末晚上人潮湧入覓食的時段。眼見十幾個訂單同時出現，P 收收眼前的備料，說：「風吹膩了，我去備料廚房囉。」瀟灑離去。整個下午我跟另一位同事合力準備了十道菜的備料、一起幹掉上百張訂單，而P，她準備了100顆橄欖鑲肉，只剛好夠應付今晚以及隔天午餐。

後來我乾脆把這一切，對P的憤怒、對公司視而不見的憤怒，當作禪修的過程，吸氣、呼氣、修練，吸氣、呼氣、修練……，跟P除了公事外不再交談。幾個月後，終於有更菜的同事接手我的工作。新同事手腳俐落、經驗豐富，我半幸災樂禍地看他被P呼來喚去（去樓上大冰箱拿五個番茄。怎麼拿那麼多？放回去！）一天他灰頭土臉跑來問我：「那個P……。」我雙手合十，向他鞠躬：「一切都只是暫時，修行的過程。」而我終於又可以跟P有說有笑，聽她談這餐廳的歷史，跟她那些（疑似根本不存在的）豐功偉業。

第 20 道 / 修行之路：鹹香下酒炸橄欖鑲肉 Olive all' Ascolana

這道菜原名為 Olive all'ascolana，源自義大利馬凱區（Marche），正宗作法是使用 Ascolana Tenera 這種大個頭的綠橄欖去核後製作。由於此橄欖在台灣較難取得，可使用超市已去核的嬌小綠橄欖代替。

材料：
已去核罐頭綠橄欖 1 罐
內餡：
洋蔥半顆、胡蘿蔔 1 條（蘿蔔比重太高會使成品過甜）、西洋芹 2 根、牛肉 100g、雞肉 100g、豬肉 100g、帕瑪森起士刨絲 50g、檸檬皮屑 1 顆量、蛋黃 1 顆、白酒半杯、鹽、肉豆蔻少許、水半杯
炸粉：
蛋 1 顆、麵粉、麵包粉

作法：
1. 將洋蔥、蘿蔔、西洋芹切小塊，入油鍋慢煮至蔬菜呈半透明軟透狀，將三種肉類切小塊入鍋炒至上色、調味。加入白酒、開大火使酒氣蒸發，加半杯熱水續煮至湯汁收乾後離火。
2. 作法 1 放涼後，放入食物處理機絞碎，並加入檸檬皮屑、肉豆蔻、蛋黃、起士刨絲攪拌，使之成團。
3. 將作法 2 放入擠花袋（配合此作法的小橄欖），將之飽滿填入橄欖中。
4. 將炸粉的三樣材料分別放入三個不同的淺碟中。將鑲肉橄欖薄薄裹上一層麵粉、放入打散的蛋液中、再均勻沾上麵包粉，用手稍微捏一下確保麵包粉裹緊。
5. 將裹好粉的橄欖入油鍋炸至表面呈金黃色即可。

一個好的洗碗工，能帶領廚房走向天堂之路。

Letter 21.
獻給洗碗工的情書

我太專注於自身痛苦，掙扎著在大城市的洪流中落腳生存，無暇關注周邊的人事律動。這樣的工作環境，與其說是繽紛園遊會，比較像是神秘街頭塗鴉藝術家 Banksy 手下的暗黑迪士尼樂園。不是所有人都想成爲名廚，也不是每個人都懷抱對餐飲的滿腔熱愛，有時候比較像是：我的國家破產沒有前途，只好來大城市闖闖。這樣的樂園裡，沒有白雪公主唐老鴨，而是黑道、來路不明的金流，誰跟誰睡過之後得到地位，毒品，藥頭，在搖頭丸、古柯鹼漩渦裡轉圈的同事們。

我一直以爲大家只是輪流出去抽根菸，以爲跟我搭擋的那 23 歲尖牙利嘴的毛頭小子純粹是人緣好，才有絡繹不絕的人在上班時間找他。後來那個誰才說，原來他是中盤商，手上有大好的純貨，價格公道。當廚師只是嗜好。直到一次開員工派對，看他們將粉末用銀行卡排成直線，再輪流用鼻子從桌上吸，模樣狼狽。這才恍然大悟。「要來一點嗎？」跟我很好的外場女服務生問。「不了，謝謝。」有那閒錢還不如拿來買新洋裝。不過我始終不明白爲何這不影響他們的日常生活？那玩意兒會讓你精神大好，他們說，「不然怎麼應付這麼長的工時？」睡覺呢？我說。他們難以置信地瞪著我，像我剛說了什麼蠢話。

我也許沒有提過，想在這極端的工作環境下生存，必須廣結善緣。跟服務生要好，他們會在妳精神不濟時送上咖啡；跟外場經理好，放假來吃飯時，可以得到一張金額爲零的帳單（在朋友間地位迅速攀升）。但我在廚房裡眞正交的第一個好朋友，是洗碗工：眞正運籌帷幄，掌握生殺大權的人。

那時我們廚房裡的洗碗工頭頭，是個南非人，從他身上我首次見識到，一個好的洗碗工，能帶領廚房走向天堂之路。他組織能力驚人，負責整理進廚房的貨、安排鍋碗瓢盆的擺放位置，他知道哪個廚師在何時會需要哪樣器具，並在亂得像戰場的供餐時間，有條不紊地將廚師們需要的鍋具清潔好、適時補上。他是廚房的命理師，可以從妳丟去清洗的鍋子殘渣，判斷妳的身心狀態。「妳今天狀況很差，跟男人吵架了吧？」嚇得我屁滾尿流，當下成爲他最忠實的信徒。

後來我認識了C。我們從來沒有談過，他爲何在義大利工程師當得好好的，跑來英國當洗碗工？我只知道他是我認識的人中，工作最勤奮的一個。他是廚房的清潔工，眞正幫你擦屁股的那種，清理廚餘、在你不及備料時，放下手邊工作支援剝蝦。不過是洗個碗盤，有什麼了不起？你會說。當能幹的洗碗工休假時，你就知道一切不妙：廚房大亂、東西找不到、出洗鍋子速度趕不上廚師們丟鍋子的速度，主廚開始大發雷霆，當場開除麵檯同事。

眞正厲害的洗碗工，存在感很低，卻讓一切運行順暢。更重要的是，他們工時比誰都長，全世界的八卦盡收眼底：老闆跟那誰有一腿，所以幫她開餐廳！某某主管吃軟不吃硬，妳別硬衝他就沒事。或：妳做的冰淇淋老一夜間神秘消失，都是被那兩個晚班服務生偷吃的！（天殺的王八蛋！）

C 老是頂著一副耳機，以及與他棕黑髮相襯的黑眼圈。我們開始熟識，是他跑來拜託我，替他朋友做生日蛋糕。那之後，我們的友情是這麼運作的：他在上班時幫我（及其他每個人）收拾殘局：不小心燒焦的鍋子、包紮燙傷傷口，下班後我們則用簡訊幫對方清理生活殘渣，互倒大量的情緒垃圾、互傳正在聽的音樂。那時我仍很迷惘，仍在適應激烈的工時，跟新環境帶來的衝擊，在亂流中踉蹌緩行。我們日夜工作，努力對抗身體痠痛，跟「這麼過日子值得嗎」的自我質疑。

我們爲什麼會變成好朋友？我問。他說，就這麼發生了，我沒有選擇誰做我父母，這跟那道理有點像。我懷疑他這麼回答時，八成在抽他每日例行大麻，或更糟的其他什麼，像「愛之藥」（註）。那會讓你開心到底也絕望到底，他說。絕望到底時，他傳來的簡訊其實能讀出端倪，只是我當時並不明白。在我低潮時，他總拿夢想的餌釣我：「妳他媽的是我們所有其他人的榜樣，因爲妳很有懶趴，敢追求想做的事。」而當我發現他絕望到

註：搖頭丸

底的原因時，他已經回老家一陣子，戒毒去了。我問爲什麼，他回：「妳不懂，這無關意願，癮是惡魔。」

C 在他的癮中載浮載沉，我則進入地獄餐廳工作。每天在零度的凌晨薄霧中返家路上，C 總按時傳來一首歌，打氣著說：「每天上工前，我都絕望地想放棄，想賴在家什麼屁都不做，最後還是出門上班。妳知道爲什麼嗎？因爲我看到像妳這樣的人，爲了自己的夢想每天打拚，於是我想，我也要像妳一樣，爲喜歡的事而戰。不能不戰而逃。」我把它抄在筆記本裡，跟我那些經典食譜一起日夜讀誦。

C 回來工作後，因爲能力太好，主廚跟外場經理都搶著要，最後被調去餐廳吧檯負責調酒。他仍在跟使他歡喜讓他憂的老友角力，但宣稱已將近一個月不碰毒了。我們都不確定這次是否會成功？畢竟這並不是場喜劇電影。

他也思考著離開倫敦，這個會將人吞沒、讓人狂憂狂喜的大城市。一天留一天走的欲去還留；我最知道這種心情，休假時狂嗑的廉價巧克力夾心餅乾，跟餐飲這行業本身，都有同樣令人失去理智的特質。此時我那寫滿食譜的筆記本終於載到末頁，煞有介事地寫了獻詞給 C，紀念我們的友誼跟還在堅持的什麼。（To Bruce）

第 21 道 / 找到戰友，繼續為喜歡的事而戰：無麵粉、無大麻，超級巧克力，蛋糕 Torta al cioccolato senza farina

C 從阿姆斯特丹休假回來，跑來找我幫他做蛋糕。點名說要某次員工餐時，我隨手做的超純樸巧克力家鄉味蛋糕，不需用到麵粉，加上大量的蛋跟巧克力，滋味超濃，我以那為底再稍作變化、加點裝飾，在下午休息時間克難做了生日蛋糕。放到隔天吃更好吃，是我在義大利學到的超簡易家常食譜。

材料（4 人份）：
72% 黑巧克力 300g、無鹽奶油 150g、雞蛋 4 顆、糖 42g

作法：
1. 將巧克力與奶油切小塊，一起隔水加熱至融化後攪拌均勻、稍微放涼備用。
2. 全蛋與糖打至蛋液濃稠、泛白後，將作法 1 分批緩緩加入蛋液中，並一邊用刮刀輕輕由上而下以繞圈的方式輕柔攪拌均勻。
3. 烤箱預熱至 170° C ，烤盤上薄薄抹上奶油、並輕灑一層麵粉防沾黏，將作法 2 倒入烤盤中，以隔水加熱的方式烤 50 分鐘。

後來的一切像過去每個周六夜晚倒轉又快轉：腎上腺素飆升又緩降，洗完廚房後坐地鐵回家，整夜狂歡的倫敦女孩們穿著超短亮片裝，脫了高跟鞋拿著酒瓶，妝容略花地在車廂嘰嘎大笑。

Letter 22.
（百無聊賴的）廚師放假時

清晨，隱約嗅到手指殘留的大蒜味，醒轉。

前晚是一周一度的大亂鬥夜：周六夜。倫敦人傾巢而出，大肆掠食。早上我們團團轉忙於備料時，主廚君臨現場，一臉暴躁，用手輕拂廚房與外場每處角落，摸到外場吊燈上的灰塵，把薩丁尼亞島來的黝黑美人服務生小茶大罵一頓。下午供餐前要全面檢查清潔。我跟小茶對看一眼，知道今天又是難熬的一天。我們於是認命把餐廳內外重新打掃一遍，叫整支刑事鑑識人員來都找不到痕跡的那種。小茶站上木梯，拚了命擦吊燈，嘴裡叨唸：「吊燈很髒？老娘我昨晚才擦過！」

五點一刻，主廚旋風再臨。走至小茶負責範圍的吊燈，大手一摸，正準備發飆，發現乾淨得無可挑剔，朝她瞪了一眼，走近另一盞燈，蓄勢待發，卻發現同樣被小茶擦得發亮，自討沒趣悶哼兩聲走開。小茶得勝，嘿嘿對我得意地笑。後來的一切像過去每個周六夜晚倒轉又快轉：腎上腺素飆升又緩降，洗完廚房後坐地鐵回家，整夜狂歡的倫敦女孩們穿著超短亮片裝，脫了高跟鞋拿著酒瓶，妝容略花地在車廂嘰嘎大笑。到家時室友們都睡了。我拖著穿著厚重的身體進門，調高暖氣溫度、開了瓶紅酒（不小心忘在窗台邊，溫度過低需要回溫）。整個人累極卻又像全新的一樣，休假前晚是我的影集夜，正在追的美劇可以一集接著一集看。直到累厥為止。

休假日就此展開，並且幾乎是抱著印度商店賣的1英鎊巧克力夾心餅乾度過。

抱著吃邊看美劇、也看《唐頓莊園》。跟室友們約了假日一起造訪那漂亮的莊園，卻從沒成行，因為我從不在正常人放假時休假。同事幸運休到周六，興奮在電影院打卡：「周六晚上看電影，感覺自己好正常。」

那印度商店賣的廉價夾心餅乾好吃得過份，家附近沒有花花綠綠的Sainsbury或Waitrose，大家都在那裝設精簡的雜貨店櫃台排隊結帳，買些蛋啦牛奶啦土司的，我反正沒時間在家做飯，休假前去買兩支紅酒加巧克力餅乾，就算辦盡家務事。起床時收到C（詳見Letter 21〈獻給洗碗工的情書〉一文）的簡訊，他也休假，我們都懶得出門。

「妳今天做啥？」
「洗衣服。你咧？」
「洗衣服啊，積了一整籃。」

「哈哈，媽的。」

「哈哈，操。」

很抱歉我們就是那麼無聊。而且髒衣服真的是積了一禮拜，不洗不行。

我把衣服硬擠到老舊的洗衣機中，決定去巷口那間其貌不揚、卻便宜又奇蹟似地不難吃的早餐店吃飯。一杯劣質咖啡做的卡布奇諾，跟一大盤早餐:煎培根、炭烤番茄、太陽蛋、一些豆子、烤土司，一邊吃一邊從玻璃倒影中看見自己臉腫腫的，胃也脹脹的，廣播在放滾石樂團的音樂。

趁天氣大好，回家晾衣服。英國室友靜靜的摘了一顆她在後院種的番茄給我試吃，我答應等它們長好長滿時，要用那做道菜給她吃。

百無聊賴中，一天竟然就這麼過了。同事躲廁所傳訊息來：「幹，今天休假算妳賺，我們忙死了。」

啊，突然有點想上班。

Letter 22.（百無聊賴的）廚師放假時

第 22 道 / 我不入地獄，誰入地獄：托斯卡尼香料飯鑲番茄 Pomodori Ripieni di Riso

這是一個托斯卡尼奶奶的食譜，好滋味歸功於鯷魚的鹹與酸豆的酸，香草除了奧立岡，也可加切碎了的新鮮平葉巴西里。剛出爐時好吃，在義大利也很常溫著、甚至涼了後吃，適合宴客的早上先披頭散髮的做好，客人到時再優雅端出。

材料：

6 顆大番茄、100g 義大利燉飯米、4 條油漬鯷魚（大型賣場皆有賣）、約 1 大匙酸豆、1 匙麵包粉、少許乾燥奧立岡、100g 莫札瑞拉起士 （mozzarella）起切成小塊、橄欖油、鹽、黑胡椒

作法：

1. 將米泡入約 500ml 的水（或蔬菜高湯）中、加兩小匙鹽，開中火煮，水份快被吸乾時，再加入少許熱水續煮，煮至略留米心的程度，並將水份收乾。不要過熟，之後還會連番茄一起進烤箱烤。煮好後放入大碗中備用。
2. 把番茄底端切除一點，使它能站立，務必小心不要切過頭以免露餡；番茄頂端 2cm 左右處切開，暫稱它為小帽子吧，小帽子切開備用。用湯匙將番茄肉取出（番茄籽與汁不要丟，可以留下拌沙拉用！），小心不要把底挖破，此為裝盛鑲料的番茄盅。
3. 將挖出的番茄肉與鯷魚、酸豆、麵包粉一起放入食物處理機絞碎後，放入作法 1 中攪拌均勻。加入起士塊、奧立岡，用鹽與胡椒調味，若太乾可加入一點剛剛留下來的番茄汁液。
4. 用湯匙將作法 3 填入作法 2 的番茄盅中，撒上麵包粉、淋上一點橄欖油，在烤盤上淋橄欖油、將番茄盅排上烤盤，備用的小帽子則另外擺放一起烤。
5. 烤箱預熱 200° C 烤 30 到 35 分鐘，或烤至番茄軟皺、鑲料焦黃，蓋上小蓋子後即可上桌。

我還是沒有虛擲那些光陰的。

Letter 23.
最終章：結束也是開始

我跟主廚在廚房記事白板前，一起站了十五分鐘，爲了他哪天肯放我走人僵持不下。我們從我要求的五號，妥協到十號，他老爺卻希望我能工作到上飛機前那刻。「不如妳不要走吧？我們把妳藏在餐廳地下室，不會有人發現的。」我挑眉瞪他。在最後這個月裡，所有人瞬間變得幼稚不已，不斷假哭說：這北韓來的女孩就要回去了，過著慘無人道的生活，我們還是想辦法收留她吧。

最後一天的班，一向鐵面無私的行政副主廚在晨報時，無視一旁也是同天離職的捷克籍同事，破天荒地說：「我今天心情低落，Yen 她上完今早最後一個班後，就要離開我們。」語氣好似我明天得出征伊拉克。見我在餐廳內外場拿著相機見人就自拍，邊佯裝生氣，邊滑步入鏡。我們假裝一切如常，打屁、互罵，一邊輕而易舉解決午餐湧入的客人，一個一帆風順的餐期，沒有人出槌。同事們獻上由名廚老闆出的食譜新書，大家都在內頁簽了名，寫了類似「讓我來娶妳吧，北韓女孩，不要走！」之類的感人垃圾話，我收拾好置物櫃的刀與廚師鞋，把偷藏的零食送給跑來親我的外場女同事。轉頭看了一眼曾在這哭笑怒罵的廚房：謝謝你，再見。

離別 party 辦在我們下班後都會去喝一杯的酒吧，不成文的規矩是，只要有人離職，他結束最後一個班後，放假或下班的人就一起去喝一杯，不醉不歸。那天從主廚、行政副主廚、其他副主廚全都到了，據說從沒有誰的告別派對同時聚集過這麼多主管。接下來就是白酒紅酒、各種 shot、威士忌輪番上陣，家學淵源豐厚、從三歲開始沾高粱的我號稱百杯不醉，也開始天旋地轉、口齒不清，只記得同事說：「妳還沒見識到我們愛爾蘭威士忌前，不該離開這片土地。」替我斟了一杯。

行政副主廚年輕時曾去美國工作了一段日子，他最常說嘴的事，便是當年簽證到期，搭機回英國時，哭了整段旅程的事。每次我們拿這事笑他：「你這娘兒們，回國有什麼好哭的嘛！」結果我自己一邊跟室友同事們講電話告別，一邊在倫敦希斯洛機場大哭特哭，隔壁英國女孩眼看要去泰國度假，一身清涼打扮，一臉了然，遞了張面紙給我。

回台灣後，我以義大利文 Noi（我們）為名，開始了接案廚師的日子。「我們」，並沒有任何浪漫因素在內。「我們」代表著我在佛羅倫斯的同學與親愛的澳門室友，代表那些在倫敦東區，陪我度過一次次疲勞沮喪的室友們，與在廚房裡對我伸過援手的同事，我們用歌聲跟無聊廢話替彼此取暖；代表的甚至是曾經羞辱大罵我的主廚們——這些幫助形塑我成為專業廚師的人們。

然後，我寫了一個名爲「獻給地獄廚房的情書」的專欄，沒有明說，寫的，正是獻給這些人的喃喃私語。如此以來，在我因工作而身體痠痛時、看著同齡人堅守原本軌道，擁有穩定「正常」生活時，仍能心意堅定地說，我還是沒有虛擲那些光陰的。

第 23 道 / 感謝陪我走過試煉：紅酒慢燉豬頰肉 Guancia di Maiale

為了感謝長期照顧我的室友們（詳見 Letter13.〈總是餓肚子的廚師〉一文），我在家中做菜宴客，把這收藏許久的食譜請出，成品不美，卻美味十足。

材料（8 人份）：
6 到 8 塊豬頰肉（嘴邊肉）約 2 公斤、高湯少許、紅酒 1 瓶、巴薩米克醋 40 克、糖一 1 匙、鹽、胡椒
香料底：丁香（clove）4 粒、大蒜 2 顆、杜松子（juniper）6 顆、胡蘿蔔 1 根、洋蔥 1 顆、月桂葉 3 片、肉桂 1 根、迷迭香 1 根、

作法：
1. 將頰肉擦乾後，於各面撒上粗鹽調味，入平底鍋大火煎至四面上色。
2. 將洋蔥與蘿蔔切小塊後，與其他香料底材料一起放入燉鍋中，以橄欖油拌炒。炒到蔬菜半透明並釋放香味後，將作法 1 的肉放入炒約 2分鐘。
3. 倒入紅酒、酒醋與糖，滾開後轉小火，煮約 40 分鐘，途中適時攪拌。
4. 加入適量高湯，蓋上鍋蓋續煮約 2 小時，直到頰肉軟爛。
5. 將頰肉取出後，將香料底其他材料撈出，把蘿蔔、洋蔥與湯汁一起打碎、過篩後，把湯汁放入湯鍋中，開鍋蓋續煮 30 分鐘，煮到醬汁呈光澤濃稠狀。上桌前再將頰肉放入醬汁中加熱，此菜通常與馬鈴薯泥或玉米粥（polenta）一起吃。

後記：展翅高飛，一路平安 ———— 一本瘀青換來的食譜

曾以爲自己性喜、且注定漂流。但總在移居某處後，毫無困難地像生了根般安心地定著。從謹慎購入每一項令人產生安定妄想的物品（因爲擔心有一天總要離開），譬如咖啡機、25OZ 的鑄鐵鍋，到滿書櫃的書————這些對我來說，都是自我對於未來的承諾；到最後開始採買漂亮的盤子、數量多到足以宴客的酒杯。從來沒想過會有一天必須拋棄這些，精撿出一只重量不超過 30 公斤的箱子，以它成爲形塑未來數年的我的依據。然後帶著它離開。

直到遠行倒數兩周的現在，我才不得不遺憾地面對它們，將滿櫃的書用塑膠繩一一捆起，請能夠信任的朋友代爲保管，然後還有那些漂亮的盤子、音響、以及更多更多的感情包袱。只能暫時勉勵自己，背得越輕，走得越遠！

一路走來。我一直很喜歡這四個字底下蘊含的意義，一路走來，暗示了這段路途的遙遠與不能言說的苦與樂。那年，我帶了 30 公斤重的行囊，從台灣飛到義大利前，家人問我「妳在那有認識的人嗎？」沒有，我有的只有心中某種渴望，跟不知天高地厚的愚勇，出發前我在包包裡放了高中好友送的筆記本，在最開頭的頁數上，抄寫了《托斯卡尼艷陽下》書中的話：「我現在離家有七千英里遠，正準備把一生的積蓄孤注一擲到一個出於一

起的念頭中。那眞的是一時興起嗎？還是我像一個墜入愛河中的人一樣，心思雖然反覆，但內心卻是確定無疑的呢？」還有書腰上寫著：「不要害怕，但請一路小心」的書（註）。以及姑姑偷塞給我的紅包，上面用黑色簽字筆寫著：展翅高飛，一路平安。這些，就是我這趟旅程最大的資產。

從想法成形到出發，中間歷經了一年，懶散如我，在這平凡的二十幾年人生中，從沒認眞計畫過任何事情，而我卻像拼圖一樣，把一片片內心的想望拼出一幅畫，學義大利文、找住宿，直到飛機起飛那刻，我才首度感到些微不安。一路走來，總有人說：好佩服妳，妳眞有勇氣。我明白這不是勇氣，這是五成固執加五成的愚蠢，不顧後果、不知害怕。我很感謝他們，一路上都跟這一句句：「妳好勇敢」借膽，走著走著，竟也信以爲眞，想像自己是那深入洞裡的愛莉絲。

這本書由專欄而來，逐漸成形。寫的過程中偶有故作輕鬆，內心卻回到踉蹌前行當下之時，開玩笑跟編輯說：要是毫不掩飾地寫，會變成黑暗難讀的一本書。如果眞要說它有何不同，只能說它是由肉身瘀青換來的食譜吧。

特別感謝 Andrea、BIOS MONTHLY 溫總編與二魚文化的乾媽們：珊、亮亮、正寧、周周。

註：出自《深夜特急最終回：旅行的力量》。

二魚文化　閃亮人生　B049

獻給地獄廚房的情書

作　　者　Yen（劉宴瑜）
企劃編輯　葉珊
執行編輯　李亮瑩
美術設計　周晉夷
行銷企劃　郭正寧
讀者服務　詹淑眞
封面攝影　老狸猫
食譜攝影　老狸猫、「hardcore for real」阿國、Yen
內頁攝影　C+K、Matthew Keane、Jerry Nagels、Andrea、Yen

出版者　二魚文化事業有限公司
發行人　葉珊
地址　234965 永和福和郵局第 55 號信箱
網址　www.2-fishes.com
電話　(02)2937-3288
傳眞　(02)2234-1388
郵政劃撥帳號　19625599
劃撥戶名　二魚文化事業有限公司

法律顧問　北辰著作權事務所、林鈺雄律師事務所
總 經 銷　黎銘圖書有限公司
電話　(02)8990-2588
傳眞　(02)2290-1658

製版印刷　彩達印刷有限公司
初版一刷　二〇一七年六月
初版四刷　二〇二二年一月
I S B N　978-986-5813-91-8
定　　價　四二〇元

題字篆印　李蕭錕

國家圖書館出版品預行編目 (CIP) 資料

獻給地獄廚房的情書 / Yen 著 -- 初版
- 臺北市 : 二魚文化 , 2017.06
208 面 ; 17×21 公 分 .-(閃 亮 人 生 ;
B049)
ISBN 978-986-5813-91-8(平裝)
1. 飲食 2. 義大利 3. 文集

427.12　106006810

最後一道／地獄廚房的地獄酒窖
Cantina d'inferno

沒有葡萄酒的一餐，就像是沒有太陽的一天。
在地獄廚房裡，也有屬於地獄的太陽。

通往地獄酒窖的捷徑？
只需要一條（無線）網路。（翻頁有減刑折價券）

材料：
滿 18 歲且懂得理性飲酒的成年人、寬頻網路、電腦（平板／手機亦可）、減刑折價卷（e-Coupon 序號翻頁就會看到）、宅配到府（或任何開趴所在）的收件地址。

做法：
1. 掃描通往地獄酒窖的 QR Code（左下），或輸入 www.iCheers.tw 網址。
2. 加入會員可再擁有一張首次下單優惠券並享受紅利積點老友回饋。
3. 將你看上的葡萄酒加入清單。
4. 至「我的清單」頁面輸入 e-Coupon 序號取得折扣。
5. 跟著網頁指示完成訂購流程。
6. 靜候 3 個工作天（有的時候更快），就會聽到門鈴響起。
7. 簽收來自地獄的葡萄酒，並搭配地獄廚房的料理，盡情享用即可。